变化环境下的冲积平原区
水库建闸蓄水区地下水浸没影响

甘建军　郑文晓　著

江西高校出版社
JIANGXI UNIVERSITIES AND COLLEGES PRESS

南昌

图书在版编目(CIP)数据

变化环境下的冲积平原区水库建闸蓄水区地下水浸没影响／甘建军，郑文晓著. -- 南昌：江西高校出版社，2024.12. -- ISBN 978 - 7 - 5762 - 5686 - 4

Ⅰ. P641

中国国家版本馆 CIP 数据核字第 20242JE747 号

策 划 编 辑	陈永林	责 任 编 辑	黄 倩	
装 帧 设 计	王煜宣	责 任 印 制	李香娇	

出 版 发 行　江西高校出版社
社　　　址　江西省南昌市新建区工业二路 508 号
邮 政 编 码　330100
总编室电话　0791 - 88504319
销 售 电 话　0791 - 88511423
网　　　址　www.juacp.com
印　　　刷　江西新华印刷发展集团有限公司
经　　　销　全国新华书店
开　　　本　700 mm×1000 mm　1/16
印　　　张　13.5
字　　　数　226 千字
版　　　次　2024 年 12 月第 1 版
印　　　次　2024 年 12 月第 1 次印刷
书　　　号　ISBN 978 - 7 - 5762 - 5686 - 4
定　　　价　78.00 元

赣版权登字 -07 - 2024 - 1075

地下水浸没灾害是一个全球性的挑战,每年因地下水位上升引起的灾害造成全球损失达 10 亿美元。随着计算机技术的快速发展,加强地下水浸没影响评价在地下水管理和决策中变得越来越重要。开展地下水浸没模拟和数据处理可以融合数据,使其可视化,有助于更准确地模拟和预测地下水浸没的范围、深度和持续时间,这对制定应对策略和紧急响应计划至关重要。此外,确定地下水浸没区和其他可能发生地下水位抬升的范围可以帮助政府建立决策支持系统,这些系统可以评估不同政策和设计方案的效果,从而更有效地减少地下水浸没的发生和影响。在这些系统中,地下水浸没模型在地下水浸没灾害防治对策的评价、选择和工程设计(如堤防大坝及地下连续墙)中发挥着核心作用。近几十年来,随着地下水三维渗流理论与地理信息系统(GIS)以及遥感(RS)技术相结合的数值分析方法的发展,精准预测地下水浸没范围已成为可能。

准确性和可靠性是评估地下水浸没模型性能的两个主要指标,这两个目标经常相互影响、相互制约。一方面,基于详细钻探数据的三维建模技术与数字地形模型(DTM)、数字高程模型(DEM)的数据叠加技术,显著改进了地层结构和地形地貌的融合建模。与此同时,诸如时间序列法、速率分析法、神经网络法等被广泛用于地下水浸没模拟。另一方面,现有模型多为分布式数值模拟,基于流体动力学的地下水浸没模型需要考虑土壤、水位等物理力学参数,多源数据的叠加过程离散化导致计算时间较长,模型分辨率越高,需要划分的网格单元数越多。因此,随着地下水浸没评价所需的步骤增多,为确保计算结果的精准度,需要划分足够多的网格单元。为了提高数据处理效率,许多数值模拟软件,包括 GMS、Visual MODFLOW、FEFLOW 等,引入了数据层导入模块,已经被应用于地下浸没淹没建模。然而,实际地形、地层和地下水数据的复杂程度远远高于数值建模的计算能力。在工程区进行高精度、大面积的地下水浸没计算与评价时,需要非常详细的地层、地形和地下水信息。目前的计算与预测往往基于各种假设,仅仅是权宜之计。除数据叠加法外,另一种解决方法是对地下浸没模型进行概化。地下水浸没模型另一个很好的例子是由丹麦水文研究所开发的 MIKE SHE(水文地质集成模型),它允许使用简化算法模拟复杂的水文地质系统集成建模。这些模型和工具的工作原理是:首先对 DEM 数据进行预处理,以描述地表的变化;然后输入地层数据、水文数据,如地层岩性、地层厚度、水位边界;最后通过模型路由,生成浸没范围和浸没深度等结果。

为了提高地下水浸没模型的精度,一般会采用 GCDC(地下水连通域计算)方法,引入高质量的地面 TIN 地形数据和不规则三角网络,通过点、线、面向邻近地下水连通域实施搜索法,构建地下水浸没评价矩阵,叠加地层数据、地下水位数据、浸没安全高度等数据层,利用计算机节点寻找和判定研究区地下水是否发生浸没。此外,为了提高计算和预测精度,Boreholes 模块中钻探数据已被用来代替一个简化的地层模型来模拟地下水浸没。

在全球气候异常、极端气候频发的新形势下,我国地下水浸没防治形势依然严峻,地下水浸没评价的精度依然不够,应用于地下水浸没评价的先进技术仍然不足。地下水浸没影响评价的能力不强,在一定程度上制约了防灾能力的建设。特别是鄱阳湖流域地下水浸没点多、面广、时有发生,难以超前预警、预测、预报,给地下水浸没风险区或隐患区人民群众生命财产安全和社会经济发展造成了巨大的威胁。因此,在鄱阳湖流域开展地下水浸没的形成机理与影响评价的研究十分必要。

地下水浸没的防治需要坚持底线思维、问题导向和系统观念,充分考虑地下水浸没复杂的地质背景条件,特别是地下水浸没区的岩土物理力学特性,深入开展地下水浸没灾害内在形成机理的研究,从地下水入渗、浸没机理、浸没高度、浸没距离等地下水浸没机制的地质渗流模式研究出发,构建起适合于变化环境下的冲积平原区水库工程地质条件和渗流时空特征的评价模型,研发适配于区内冲积平原区地下水浸没的稳定性评价方法,提出变化环境下的冲积平原区地下水浸没的阈值矩阵,提高浸没评价的精准度和信息化水平,切实保障当地人民的生命财产安全。

目前地下水浸没灾害的形成机理研究和浸没评价技术发展迅速,水库地下水浸没已经纳入水库规划、设计、施工和运维管理等日常工作中。但由于水库地下水浸没的工程地质复杂性,目前对地下水浸没的形成机理研究不足,从而导致地下水浸没评价与地下水浸没的发生机理融合还不够等问题。为此,需要对地下水浸没影响评价监测技术进行持续的改进和提高。

针对以上问题,本书重点围绕赣江尾闾冲积平原区水库地下水浸没的发育特征、形成机理、调查评价、预警模型、软件研发、风险评价等进行了系统介绍。本书共分为十章：第一章为绪论，重点介绍地下水浸没研究的背景、研究目的、研究内容、研究现状；第二章为赣江尾闾地下水浸没概况，主要分析了变化环境下地下水浸没的情况；第三章介绍了赣江下游冲积平原土层的渗透性试验研究；第四章介绍了赣江尾闾主支蓄水区冲积土的渗透性试验；第五章为地下水数值模拟模型的构建，介绍了常见地下水浸没模型的基本特征、影响因素、形成机理及治理与监测；第六章为河间地块地下水浸没影响数值模拟，介绍了不同地下水位、筑坝高度下地下水浸没的影响评价方法和过程；第七章为河间地块浸没影响评价，分析了区域地质环境条件、水库浸没标准、水库浸没程度分区、地下水位及筑坝高度变化浸没影响评价等；第八章为基于 GMS 的赣江尾闾南支浸没区影响范围研究，分析了研究区地质环境条件、基本特征及含水层变化条件下地下水浸没影响评价；第九章为赣江尾闾主支拦水闸浸没区影响范围研究；第十章为结语与展望。

　　本书的特色是"面向应用，需求导向，保障民生安全"。受复杂地形地貌、极端降雨的影响，地下水浸没频繁发生，成为危害当地群众生命财产的巨大隐患。虽然国家对一些直接危害人民群众生命财产安全的主要地下水浸没进行了评价和治理，但仍有诸多地下水浸没未得到有效的监测和治理。在已经建成的水库工程当中，由于水库浸没地质背景不同，地下水渗流机理研究不够，地下水浸没评价阈值设计准确度低，因此在极端水位条件下或水位抬升条件下浸没仍存在着较大的危险性，需要开展精准的地下水浸没影响风险评价，以提高生命财产的安全性，节省工程建设成本，保障当地群众生命财产安全。

为充分把握地下水浸没的形成发展规律，笔者开展了地下水浸没的资料收集、文献分析、野外调查等工作，先后到赣江、抚河、饶河、信江开展地下水浸没调查取样，并根据研究方案，多次进行了无人机航拍、调查取样、钻探物探等野外工作。我们从野外工程地质调查分析入手，开展了野外采集岩土体试样、渗流试验和数值分析工作，建立了基于 GMS 的地下水浸没预测模型。在此基础上，我们依据变化环境下的地下水浸没形成机理，分析了地下水浸没的距离及范围，并研究了区域内地下水浸没的发育分析特征，提出了地下水浸没影响评价的阈值、风险评价、治理设计与监测设计对策。最后，我们对地下水浸没实例进行系统分析，提出了变化环境条件下冲积平原区典型地下水浸没影响评价方法与治理技术。

本书第一章至第八章(约 12.6 万字)由南昌工程学院甘建军著，第九章至第十章(约 10 万字)由郑文晓著。

本书的价值在于：一是可以给水利工程建设者、工作者提供参考资料；二是可以给地质工程、环境工程、应急管理类专业师生及科研单位的研究人员提供参考资料；三是为地下水浸没区的居民和管理者提供治理设计和监测预警指导。

本书在编写过程中，得到了广大地下水浸没防治专家、科研工作者的许多帮助和支持，在此表示衷心感谢。同时，由于作者的知识水平有限，本书仍然存在一定的不足之处，敬请读者批评指正。

2024 年 12 月

目　录

CONTENTS

第一章 绪论

第一节 研究背景

水是人类生存和发展不可或缺的基本资源,它涵盖了人类生命的各个方面。水不仅是人体生命活动所必需的,也是工业、农业和生态系统等各个领域的重要组成部分。水资源的短缺和污染不仅会对人类健康和生存造成严重威胁,而且会对经济和社会发展产生负面影响。

水库主要用于储存雨水、河水、融雪水等,以供日常生活、农业灌溉、工业用水、发电等多种用途。水库可以调节水资源的分配,避免水资源的浪费和枯竭,保障人类的生存和发展。除了提供水资源,水库还可以防洪、蓄洪和提供灌溉水源,这对于保障人们的生命财产安全和农业发展也具有非常重要的意义。水库建设带来的利益众所周知,但随着建设数量增多以及规模增大,水库建设所带来的不利影响也不容小觑。例如增加灾害发生的频率,造成库区泥沙淤积,恶化水质,影响气候,导致土壤盐碱化、沼泽化。

平原型水库河谷开阔,地形平坦,地质比较松散,第四纪覆盖物厚,地下水埋藏较浅且较为丰富,排泄不畅通。因此,平原型水库较其他水库而言,最易造成浸没灾害。

在我国,水库浸没灾害时常发生,水库灾害给国民经济造成的损失也不计其数。例如:位于辽宁省的阎王鼻子水库,水库设计正常蓄水水位为213.5米,于2000年6月竣工并蓄水,次年1月,水库蓄水高程达209.5米时,水库两岸边缘多个村庄均出现了房屋开裂、墙体沉裂等现象,同时水井、菜窖等近水面甚至出现水下坍塌;河北省官厅水库,由于建库初期对水库环境重视程度不足,蓄水后河两岸出现沼泽化、房屋坍塌等浸没灾害现象,进而造成农作物减产或绝收,果树大量死亡;云南省的橄榄坝水电站建坝蓄水后,水电站回水至景洪盆地,对景洪盆地部分区域产生浸没,并危及周边房屋建筑物、农作物以及橡胶、果木等经济林木;松花江大顶子山航电枢纽工程自 2007 年蓄水以来,水库正常蓄水水位较枯水期高出较多,并且由于其地形地貌以及地理位置特殊,含水层透水性较好,地下水埋藏较浅,地势较低以及与两岸地下水具有较为紧密的水力联系,这使得蓄水后水位抬升,导致水库两岸浸没现象频发,对农作物、建筑物、道路甚至居民生活都造成了负面影响;石佛寺水库主体于 2003 年 5 月底开始修建,耗时两年半竣工,2006 年水库开始蓄水试运行,当蓄水水位上升到 46.4 米时,发现库外渗水严重,出现浸没现象,由于右岸副坝下游祝家堡和陈平堡段地势低洼,该区域浸没灾害较为严重,耕地、林地以及其他农业生产受到了严重危害,严重影响了居民正常的生产、生活;新疆西部某水电站工程在设计阶段未考虑库尾地下水壅高值,导致局部计算所得的浸没范围偏小,水库蓄水后发现部分居民家中出现地面潮湿以及墙体裂缝和地窖壅水现象。

由此可见,在水库规划、设计、施工、试运行等各个阶段,水库浸没问题不容小觑。水库浸没灾害不仅影响区域较广,而且直接或间接地影响着国民经济发展。人们在修建水库之前不仅需考虑水库建成之后带来的收益,还应当更加全面、综合地考虑水库建成后对周边自然环境的影响,分析和研究水库建成之后可能引发的水库浸没问题以及带来的次生灾害。浸没灾害的发生使得库区周边地势较低且透水性较强的地层中地下水位迅速上升,使区域内农作物生长受阻碍,甚至可能导致道路、桥梁、房屋等基础设施的损坏,造成经济生活的财产损失。浸没灾害会导致经济损失、环境破坏、城市水灾甚至危及居民生命安全。

赣江下游尾闾综合治理工程拟建设 4 座水闸以抬高景观水位,整个蓄水区地层为典型二元结构,上层主要由黏土、砂质黏土和壤土构成,下部主要为砂类土及砂卵砾石,地层岩性分布复杂。枢纽建成后,水位抬高 4—6 米,存在库区浸没问题,属于典型的平原型水库库区浸没问题。本书拟以赣江下游尾闾综合治理工程某浸没区为主要研究对象,探究平原型水库库区水位变化对平原型河间地块浸没范围的影响,分析地层结构以及筑坝高度对浸没范围的影响,主要通过数值模拟计算,确定枢纽建成投入蓄水后研究区内的浸没范围,初步划定不同程度的浸没范围,进行浸没评价。

在建立大坝的情况下,数值模拟技术的应用显得尤为重要,数值模拟对该区域由于水位抬升带来的浸没影响具有重要意义,可以模拟出水文环境的变化,预测不同水位下的浸没范围和影响程度,为决策者提供决策支持和理论参考。研究区的浸没影响范围评价,对今后平原型水库的设计、管理、浸没范围评价以及浸没灾害评估与防治,降低水库周边地区居民、农田以及建筑物安全隐患和提高水库运行的效益具有重要意义,能够为水库周边受浸没灾害影响的居民是否迁移提供科学依据,不仅能有效预防经济损失的发生,也能为水库的运作和农作物的合理种植提供强有力的依据。基于 GMS 地下水数值模拟软件对研究区的模拟,可以评估工程建设对水位的影响,预测水位抬升后可能出现的浸没范围和影响程度,提前预警和防范潜在灾害和风险,有助于工程建设的科学规划和安全施工,同时也为区域内居民提供了有效的安全保障。

第二节　研究目的

随着我国社会经济的发展,一些地区的农业、工业用水量大大增加,如果当地水资源缺乏,就会阻碍社会经济的发展,影响当地人民的生活。为了更好地解决地区用水问题,可以根据工程条件选择建设水库,用以农田灌溉、生活用水和工业用水。我们通常所讲的水库是指在山区、低洼地等有水源地区通过建挡水坝形成的蓄水场所,平原型水库是相较于山区水库而言的,其位置一般处在大江大河下游的冲积平原地区,水库数量自上游向下游呈由多到少的趋势。南水北调工程建成之后,平原地区水库的建设就有了更大的实际意义,在一定程度上保证了水源供给,促进了农业增产增收;为城乡用水提供了丰富的水源,在一定程度上解决了人民饮用咸水、含氟水等劣质水的重大问题,保证了人民的生活质量和健康,解决了工农业争水的问题。

平原地区水库供水可以为人类社会的发展和进步提供强大且有力的支撑,但是由于技术等因素的限制,同样存在许多问题。平原地区水库往往地质条件不佳,容易产生浸没、渗漏等问题。从以往修建大坝后水位变化的案例来看,河道筑坝、水库蓄水而引起的浸没带来的影响不仅范围大,而且给周围环境、经济带来的损失也是不可估量的。江西省人民政府计划于赣江尾闾地区建设拦水闸,用以抬高枯水期水位,改善航运,在给人类活动带来好处的同时也对周边环境产生了很大的影响。

为了减小拦水闸修建给周边地区地下水带来的影响,防止因地下水位壅高造成农作物减产甚至房屋倒塌等不良后果,我们要在建成拦水闸之前掌握地下水动态变化趋势,对浸没范围进行预测研究,从而对可能发生的不利状况进行预防。

地下水数值模拟技术是伴随人类社会科学技术的发展而发展的,人类对于地下水资源评价的技术手段在不断进步,总的来说可以分为三个时期:第一个时期以解析法为主,通过建立数学模型求解地下水运动轨迹;第二个时期以电网络模拟为主;第三个时期则是以数值模拟为主要方法,通过各种数值模拟软件建立地下水模型,对地下水流场进行模拟预测。地下水数值模拟的基本意义在于预测周边条件改变时地下水的变化趋势,预测未来的地下水动态,为地下水的水量、水质评价提供科学依据,对将来可能出现的不利影响做出有效预防。数值模拟方法不仅能够很好地解决地下水渗流问题,还能够模拟污染物在地下水中的运动。

目前,GMS 广泛应用于地下水动态模拟中,通过获取钻探资料,对研究问题无影响或影响很小的问题进行忽略,根据含水层边界条件、地层岩性、渗透能力等建立数值模型,从而对地下水动态变化进行模拟预测研究。通过数值模拟方法可以分析水库建设后对地下水流场的影响,通过对参数进行合理性校正,一般也可以使输出结果较为理想。由此可见,地下水数值模拟方法对于研究地下水的时空分布、资源评价等方面有着重要的意义。

第三节　研究内容

一、研究内容

本书对变化环境下冲积平原区水库浸没区的研究主要包含以下几个方面:

(1)研究变化环境下冲积平原区水库浸没区浸没范围与水位变化之间的变化规律。结合气候要素的变化特点,尤其是春夏两季降水变化的时空分布规律,研究枯水期水位、稳定水位以及汛期水位变化对研究区浸没范围的影响与变化。

(2)研究变化环境下冲积平原区水库浸没区浸没范围与筑坝高度之间的关系。通过模拟水库筑坝高度变化进而导致水位变化的情况,对区内地下水位变化及其浸没范围的影响进行分析、研究。

（3）研究变化环境下冲积平原区水库浸没区浸没范围与地层结构之间的关系。根据已收集的地质与水文地质资料、土壤物理性质数据，分析研究不同地层结构场景下地下水位的变化以及对研究区浸没范围的影响与变化。

二、研究思路

本研究分为资料收集和建模模拟与分析两部分，如图1-1所示。

针对研究区现有的地质与水文地质资料收集与整理（研究区域内钻孔资料），进行相应的地质与水文地质调查，查清研究区的地质与水文地质条件，以及区域水文地质情况。结合研究区的地质和水文地质特征，确定研究区含水层结构、源汇项、边界条件，建立研究区的水文地质概念模型，实现含水层三维可视化。确定与水文地质概念模型相对应的数学模型，并利用研究区地下水位监测资料、水文气象资料以及水文地质参数进行模型的识别，结合野外调查与现场实验对识别后的模型进行校核与检验。依据在建工程运行调度规则，采用上述检验合格的模型模拟计算工程运行后研究区内地下水流场的变化情况，分析

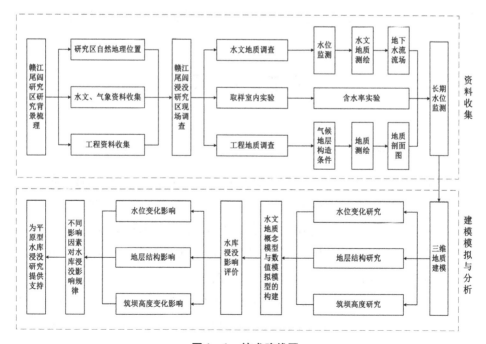

图1-1　技术路线图

其地下水位等水位线图、等埋深线图,结合地下水位控制要求对可能的浸没情况进行分析。结合水利枢纽工程建设前后地下水流场预测结果,分析水利枢纽工程对研究区地下水位造成的影响以及对研究区造成的浸没范围与程度。

同时,本书充分考虑库水位、地形、地层与浸没高度的内在联系,建立基于GMS的三维地下水渗流模型,利用数值技术对各因素进行耦合分析,有利于深化拓展多参数耦合、多条件因素、快速预测评价的地下水评价工作机制,为水库地下水浸没隐患区防治工作提供了技术支撑,为推动地下水评价工作数字化、信息化和智能化提供了保障。

本书涉及的关键技术包括两个方面:变化环境条件下的冲积平原区地下水浸没评价技术、分区搜索算法可视化渗漏管涌评价技术。

①变化环境条件下的冲积平原区地下水浸没评价技术:依据三维渗流模型和 GMS 模拟软件,采用全过程分析方法,分析地形地势、地层岩性及地层结构等工程地质条件下水位、筑坝高度等对地下水浸没的影响,提出冲积平原区水库蓄水地下水浸没的形成机理与动力特征,结合地下水位监测和现场调查,开发新型地下水浸没评价技术。

②分区搜索算法可视化渗漏管涌评价技术:依据"无人机 + 分区域浸没评价软件"预警技术,设计具有多因素的水位 – 热成像的地下水渗漏评价技术。

第四节　研究现状

一、地下水渗流计算方法

在地下水渗流研究领域,早期主要研究方法为数值法(主要包含有限差分法、有限单元法和边界元法)、解析法、电模拟法,伴随着计算机程序的发展衍生出了数值模拟法、多元回归分析法、灰色聚类分析法等一些研究方法。

数值法在地下水渗流方面的应用还得追溯到法国水力学专家达西,其在进行大量试验后,提出了著名的达西定律。达西定律奠定了地下水运动研究的坚实基础。法国的另一位水力学专家裴布依,在此基础之上提出了另一种理想状态下的稳定流井公式,为地下水稳定流的发展奠定了基础。德国工程师对裴布依稳定井流公式提出了进一步的疑问,因其假设条件在实际应用中很少见于理想状态。他基于该疑问提出了 Theim 公式,即有一个或两个观测井时的稳定井流计算公式,Theim 公式自提出便得到了广泛的应用,并在 Theim 公式提出后的很长一段时间内,地下水水力学的稳定流在理论和应用上似乎达到了完美的程度。直到 1935 年,泰斯建立了在承压含水层中定流量单井抽水的数学模型,并提出了泰斯公式,促进了承压水非稳定流理论的发展且在工程应用中得到广泛应用。而后,Jacob 和 Hantush 通过实验进行分析研究,提出了有越流补给的完整井流的计算公式,填补了地下水越流补给在计算方面的空白,对非稳定流的发展起到了不可或缺的作用。

解析法是 20 世纪 50 年代前地下水运动问题求解的主要方法。分离变量法、保角映射法、积分变换、Green 函数法、速端曲线法和其他方法(如 Boltzmann 变换、镜像法等)都是当时较为常用的解析法。解析法在理论和形式上都趋于完美。通过分析解,可从物理机制上探索更深层次的地下水运动特征。梅勒使用该方法验证了泉水流量预测方法的可行性。卡门斯基使用解析法在地下水系统潜水群孔的动态研究中,准确预测了地下水的动态变化。但由于数学工具的局限性,该方法仅局限于简单的地质条件,对于非均质、非线性等问题,该方法很难求出,即使求得解析解,其解的形式依然过于复杂,难以在实际工程中加以应用。

为解决复杂地下水动态的问题,学者们引入了电模拟法。潘雪梅(1973)在我国首次介绍了电模拟法在不稳定渗流中的解法。谢剑飞(1993)利用 R-C 电网络模拟方法,构建并研究了不同类型层状的含水系统,并以内蒙古某露天煤矿为研究对象,预测其疏干涌水量,最终获得了较为准确的预测结果。水利部长江勘测技术研究所(2010)罗列了多项实例说明了电模拟方法在实际应用中的成果较佳,表明该方法在水文地质研究中的应用前景较为广阔。虽然电模拟方法可以比较好地解决地下水流的模拟问题,但是该方法却难以处理潜水问题,不能很好地用于水质和其他方面的模拟。

华尔顿从专家图尔曼将数值法应用于水文地质计算中得到启发,随后利用计算机技术,对地下水中的水文地质参数进行了数值模拟。国外研究者们对数值计算方法进一步补充,针对计算方法的缺陷进行修补完善,专家学者们依据计算机强大的计算能力等特点,提出了更多的求解方案。20 世纪 70 年代,我国学者分别从理论研究、数值方法以及实际应用等不同层面进行了地下水数值模拟研究分析,指出在水文地质条件不清楚的地区,使用解析法和数值法难以得到较为准确的预报,需要借助数理统计方法进行求解。随着该方法的发展,我国学者继续深入研究解决了诸多复杂水文地质问题,分别从地面高程、初始水头、边界条件概化、水文地质参数等方面研究对地下水水位变化的影响,提升了数值模拟的精度,增加了可信度。

刘猛等(2005)利用 GMS 软件建立参数随机数值模型,结果证明,在二维流问题中,参数的随机特性使得数值模型更加可靠。王福刚等(2002)将遗传算法和地下水数值模拟相结合,通过一系列烦琐且复杂的运算,最终得以实现模型的程序化和自动化识别数值模型中的相关参数,并以珲春盆地水资源评价为实例,验证了该方法在识别地下水数学模型这一难题中应用的可行性和精确度。卢文喜等(2003)针对地下水模拟过程中边界条件处理问题进行研究与探讨,认为边界条件处理是否得当将会影响数值模拟结果的精确度和可信度,提出需将邻区水流条件、自然因素和人类活动等因素纳入数值模拟考虑范围。同时指出迭代逼近方法是资料较少时一种较为巧妙且可取的方法。肖长来等(2004)以模糊均生函数模型和残差模型为基础,提出了模糊均生函数残差模型(REM-FAF),并使用该模型模拟预测吉林省西部干旱、半干旱地区的降雨量,最终预测结果较为理想且精度较高。杨旭等(2005)为解决现阶段地下水流模拟系统中存在的不足、缺陷,缩短数值模拟过程中参数赋值手工准备数据的周期,提高数值模拟的时效性,提出了将地理信息系统与地下水数值模拟相融合,充分发挥各自优势以实现地下水流模拟过程自动化、模拟结果可视化。邓宏艳和 Ahmadi 等(2007)对监测的 39 口压电井的月度地下水位波动进行时间和空间上的分析,应用普通和通用克里格法进行交叉验证。结果表明,这是一个较有应用前景的方法,可用于检测出那些需要更多关注地下水可持续利用的关键地区。Damir Jukić 等(2009)提出了一种通过降雨径流模型估算汇水边界和汇水区间地下水流量对地下水平衡的影响的方法。王成华(2010)分别使用速率分析法和时间序列法构建了模型,再以此为基础,建立非线性组合预测模型,并以某大型水库的近坝库岸边坡为例,验证了该模型地下水位预测结果的精度较为可靠。卓中文等(2012)以对矿山观测孔的长期观测数据为基础,采用 BP 神经网络模型对矿山地下水水位进行预测。该研究中,以降雨量、排水量和前期水位为该 BP 神经网络模型的输入层。试验结果表明,该研究方法取得较为满意的结果,但发现参数设定的随机性依旧值得后续深入研究。李文娟和姚竹亭(2014)通过仿真实例对 RBF 神经网络和 BP 神经网络进行对比研究,对地下水位的预测结果表明,这两种神经网络模型都能较好地进行预测,但对比发现 RBF 神经网络相较于 BP 神经网络而言具有训练速度更快、精度更高等特性,充分说明 RBF 神经网络模型在地下水位预测应用中拥有广阔前景。赵丹等(2015)基于灰色理论原理,建立了 GM(1,N)模型对兰村泉域地下水位进行预测,并使用马尔可夫模型进行残差修正,拟合精度较未修正时提高了 9.62%。Madhumita Sahoo 等(2016)发现使用遗传编程(GP-kriging)时间—空间模型在平均、绝对、相对误差、均方根误差、归一化平均偏差和归一化均方根误差方面都获得了让人比较满意的结果。Thendiyath Roshni 等(2019)提出了前馈人工神经网络(FFANN)和混合 WANN 模型对复杂冲积含水层系统的地下水时空波动进行预测。Dadhich 等(2021)将三种不同的时间序列预测模型(简单指数平滑、霍尔特趋势法、ARIMA)和人工神经网络相结合,对地下水水位和水质参数进行预测,结果表明,人工神经网络模型的预测精度更高,地下水渗流计算方法应用于地下水位的预测中。

由于初始的解析法、数值法难以应用于后续条件苛刻、复杂的水文地质条件下的计算,因此随机统计方法、回归分析模型应运而生。同时,原始的、单一的预测方法的局限性和参数随机性,受人为因素影响较大,对数值模拟等计算结果的精度难以保证,随着计算机技术的发展,时间序列法、速率分析法、灰色预测法、非线性组合预测模型、神经网络算法(BP 神经网络、REF 神经网络等)以及模糊模式识别法等发展迅速。因此学者们将更多更复杂的模型应用到计算机中来解决烦琐且复杂的计算问题,采用多种因素的组合结合数值模拟的方法,得到了较以往单一预测模型更高的精度。

二、浸没评价

水库浸没评价是水库规划、建设、运行、维护和管理中至关重要且必不可少的环节,或将直接影响水利设施的使用寿命与效益。在二元地层结构水库浸没评价中,地下水壅高值计算为较早使用的研究方法之一。水库浸没评价方法以及影响因素的选择也随着研究的深入而不断发展。冀建疆(2005)对平原型水库浸没评价标准的确定方法进行了分析与研究,提出了相对于以往使用较多且效果较好的相对分析法、水动力学法和水均衡法而言,实地调查资料是确定评价浸没最好的方法。李宁新(2008)指出,浸没预测中依然可以使用传统的预测方法进行,其中包含了地下水壅高计算和浸没高程确定两种方法,浸没评价中以农作物根系是否进入含水带作为浸没标准,对于南方水库是合理有效的。杜兴武等(2009)采用黏性土起始水力坡降的方法并考虑渗流方向上水头的损失,对二元结构的浸没范围进行预测,求解浸没趋势线并结合研究区域地形线预测浸没范围,结果表明,该预测方法与实际工程情况较为符合。李择卫(2014)指出卡明斯基方法已不适用于预测黏土库区的浸没范围,并论证了使用承压水模式对黏性土库区进行浸没预测的可行性。刘永林等(2011)以河南省出山店大型水库为例,采用 GMS 数值模拟软件,模拟分析其蓄水位达 90 米时的浸没范围,验证了坡降是影响浸没长度的主要因素。胡广冲等(2015)以长江中下游某湖区平原为研究对象,在研究黏土层饱水带基础上,以现场钻探等数据为基础,进一步探索研究二元结构下卡明斯基法和结合水动力学在浸没范围预测的适用性和准确性,结果表明,结合水动力学的黏性土二元结构的水位壅高值计算结果较卡明斯基法更为可靠,适用性更强,预测结果更为准确。王碧等(2018)以湘江长沙枢纽工程为例,在典型的河间地块二元结构地质问题中,对比研究了卡明斯基法、折减系数法和数值法三种方法在浸没范围预测上的准确性。结果表明,在二元结构中,卡明斯基预测结果偏差较大;折减系数法预测结果较为贴近,但局限于 2D 线状剖面;数值法适用性广,是研究河间地块水库浸没较为理想的技术手段。杨蕴等(2020)对赣江河流阶地典型的二元地层结构展开了研究,分别采用数值法与解析法对地下水浸没的动态过程进行分析。结果表明,在评价前期,两种方法均能够较好地描述研究区浸没规律与趋势;但评价后期结果显示,数值法结果更为合理。

众多学者指出现阶段对于水库浸没评价主要偏向于农田浸没评价研究标准的探索、浸没区域地下水位的确定方法以及治理措施方案的计算模拟研究;对于水库浸没灾害评价,主要从建筑物和农作物两个方面进行分析。凌开琼(1992)提出水库浸没的影响因素包含地形地貌、土层分布与土层结构以及水文地质等。梁宗仁等(2006)指出,在工程应用中,对建筑物的评价标准常以"毛细水上升高度加上建筑物安全超高值"作为浸没地下水埋深临界值;而对于农作物,常以"毛细水上升高度加上该区域农作物根系层厚度"来判定其浸没埋深临界值。周宏益等(2006)指出,地下水位的抬升会使浸没区域的建筑物产生不均匀沉降,使地基土被软化,降低地基承载力,同时增大压缩性。Jun Pan 等(2012)采用模糊综合评价方法对浸没区进行评价,利用模糊数学理论,分析了水库浸没的产生条件,然后建立了浸没等级评价目标体系和标准值,并利用分析层次过程制定了影响浸没等级的估算指标权重。Bin Yan 等(2020)提出了一种基于三角函数权重函数灰色聚类的农田浸没程度评价方法来确定浸没区各观测点的淹没危险程度,并结合案例研究表明,该方法对于农田浸没程度的评估是合理可行的。Chen Wenfeng 等(2022)以小南海水库浸没区洛黄镇典型建筑基础为例,对其浸没区土体进行了基本物理力学性能试验,进一步验证了临界水深的有效性。

综上所述,在水库浸没评价方面,地下水壅高值计算是浸没评价中使用较广的评价方法,伴随时间的推移应运而生的浸没评价方法有水文地质勘察法、浸没勘察综合类比法、卡明斯基法、数值模型、计算机数值模拟方法,此外,不少学者采用了水动力学法、解析元素法、试验法等一些新方法对浸没评价进行分析、研究。总体而言,各方法都有一定的使用局限性,如:卡明斯基公式在蓄水导致地表水和地下水的供给关系发生变化时,便不再适用;数值法在建模过程中缺少调参范围标准以及参数不唯一导致结果可信度降低;水动力学法对野外调查钻探数据获取的数量要求较高。因此,随着计算机技术在科研领域的应用,数值模拟方法在水库浸没影响评价中的应用也受到广大学者的欢迎。现阶段数值模拟方法也是广大学者科研的首选工具,该方法不仅可以在很大程度上节约物理模拟带来的资金损耗,还可节约大量的时间成本,模拟方式和模拟效果也较为理想。

三、地下水数值模拟的应用

随着对地下水研究的不断深入,数值模拟逐渐登上舞台,大量的地下水数值模拟软件被国内外的专家学者研发出来,拥有各种功能,例如功能模块化、人性化的交互体验、求解算法新颖多样、结果可视化等。除此之外,为了拓展数值模拟软件的实际应用性能和求解速度,还融入了相关领域软件,例如地理信息系统、遥感等。诸如此类的融合拓展了地下水数值模拟软件的功能,使其功能更加完善,操作更加便捷,界面交互更加人性化。例如地下水数值模拟融合地理信息系统后,地下水模型数据的导入、导出和空间分析等方面得以加强和改善;遥感的融入更有利于模型中地质界线、地质单元等的判断。目前,地下水数值模拟研究领域中使用较为广泛的三款软件为:FEFLOW、Visual MODFLOW、GMS。

FEFLOW 是一个基于有限元方法的地下水流动、地热传输和污染传输数值模拟软件,能够模拟地下水位、水流速度、地温分布、热通量分布、污染物传输等现象,并支持各种边界条件,为地下水资源管理、环境保护和地热能利用等领域提供可靠的数值模拟工具。其应用领域包括水量、水质及温度模拟。FEFLOW软件作为一款强大的地下水数值模拟软件,尽管具有很多优点,但也存在一些缺点。首先,FEFLOW 的学习门槛相对较高。其次,FEFLOW 的计算速度较慢,对于大规模的复杂模型,需要消耗大量的计算资源和时间。此外,FEFLOW 的可视化功能较为简单,不够直观、友好。FEFLOW 软件无法处理水文地质中存在的断层以及小面积强透水带等地质情况,这是其在处理不连续地层时存在的缺陷。FEFLOW 软件最大的不足在于其缺少独立的子程序包以处理源汇项,不利于后期调参过程。

Visual MODFLOW 软件主要用于地下水模拟和地下水资源管理,该软件的主要作用是帮助用户建立三维地下水模型,预测地下水流动和污染传输等现象,以支持地下水资源管理决策。该软件具有友好的用户交互界面和丰富的功能,包括多种水文地质数据的导入和处理、不同类型的边界条件和网格划分、多种模拟工具和可视化分析工具等。该软件常被应用于地下水资源管理、环境监测、水文学研究等领域。该软件在我国的应用始于 2000 年,武强等(1999)对该软件的开发背景、基本运行环境、主要功能模块以及主要数据文件都进行了较为详细的介绍,分析了该软件在我国地下水研究应用中的巨大潜力,为该类模拟软件在中国科研工作中的应用起到了引领作用。随后直到 2003 年,随着我国学者们在地下水数值模拟领域中对 Visual MODFLOW 应用的深入,Visual MODFLOW 的相关论文才在我国被大量发表。魏云杰等(2003)介绍了 Visual MODFLOW 模型以及求解过程,并分析了该软件在砂岩型铀矿成矿场景下的应用潜力,提出该软件在流线示踪模拟和地下水流动规律模拟中具有一定的实用价值。随后众多学者分别将该软件应用到河北省栾城、长春城区、淄博高新区等地区地下水数值模拟中,结果表明该数值模拟软件能很好地简化前处理和后处理,操作方便、可视化好、功能强,应用前景好。庞国兴(2009)以甘肃某矿区为例,应用 Visual MODFLOW 对该区域进行地下水数值模拟研究,预测结果显示该区域内地下水位随时间呈阶梯状变化,地下水位上升对厂址范围内拟建项目并无安全影响,同时为研究区地下水资源的合理开发、利用和保护提供了科学依据。殷华等(2011)以长江三角洲地区某一路基取土坑为例,应用 Visual MODFLOW 构建研究区降水数值模型,为降水方案最优化设计以及路基取土坑选址提供科学依据。利广杰等(2011)以新疆伊宁盆地南缘的某矿床为研究对象,应用 Visual MODFLOW 对其进行地下水数值模拟,调整了试验的抽注液量,优化了井场设计,提高采铀效率,减少地下水污染,也为采铀提供了技术支持。赵鑫等(2011)应用 Visual MODFLOW 对哈尔滨市地下水进行数值模拟计算和浸没预测,并依据预测结果按照浸没程度将其划分为三个区——不发生浸没区、可能发生浸没区和过渡区。任改娟等(2015)利用 Visual MODFLOW 对秦皇岛新兴产业园规划环评进行地下水数值模拟,结果显示其能够直观反映地下水水位降深、地下水污染等环境问题,显著改进了地下水环评的定量分析能力,验证了 Visual MODFLOW 在地下水环境评价中数值模拟的高效性和优越性。王帅帅(2016)针对石佛寺水库下游区域出现浸没灾害等问题,应用该软件对研究区域构建数值模型,预测在不同蓄水位情况下水库下游地区的浸没范围变化,为水库管理提供参考。

GMS 数值模拟软件是一款由美国商业公司开发的流域和地下水模拟软件,旨在为水资源管理、环境工程和地质学等领域的研究人员和工程师提供可靠的水文地质建模工具。GMS 软件具有丰富的功能,可以用于建立、分析、优化流域和地下水系统的模型。该软件可以通过多种方法收集水文地质数据,并将其转换为数字模型,从而帮助用户预测水文循环、污染传输和地下水资源管理等问题。研究人员通常将 GMS 数值模拟软件视为一个强大而可靠的工具,它可以帮助他们快速建立复杂的水文地质模型,并进行精确的模拟和分析。使用该软件,研究人员可以方便地以可视化方式查看模型模拟结果,这不仅提高了研究人员的效率,还提高了数据的可视化能力。除此之外,GMS 数值模拟软件还可以与 GIS 软件集成,从而使用户能够更方便地获取地理信息和水文地质数据。GMS 软件是一个综合性、多样性、可视化和图形界面操作的地下水模拟软件。GMS 功能更为完善,界面交互和可视化界面友好,并且 GMS 是唯一支持使用三角网格划分(TINs)建立地面 TIN 模型,依据钻孔数据结合 Solids 模块建立三维地质模型的地下水数值模拟软件。在国内,GMS 的应用始于 1999 年,陈锁忠(1999)以苏锡常地区为例,以 GIS 为主要模块,运用 GMS 建立地下水数值模拟和地面沉降模拟模型,旨在验证集成系统对研究区数值模拟的可行性和沉降预测的准确性。白利平和王金生(2004)针对临汾盆地地下水降落漏斗、地裂缝和地面沉降等诸多环境地质问题,通过 GMS 建立数值模拟模型,提出了合理开采水资源和防治措施,为地下水的规划和调控提供了科学依据。谭文清、孙春、郑凌云等(2008)利用 GMS 对研究区内污染物的运移进行数值模拟,结果显示污染物迁移距离和范围较广,需加强地下水监测和防渗处理,除此之外还需完善应急预案。谢轶、周丹卉等(2009)以大庆西部地下水库区为研究对象,应用 GMS 和 GIS 软件对其库容进行计算,该方法较为简便且结果可靠,为地下水库库容计算提供了新思路,为后续研究提供了新的参考方法和技术支持。DAI Changlei 等(2011)应用 GMS 构建数值模拟的方法研究了解哈尔滨地下水的形态和规律,不仅了解了该区域浅层含水层是否可开采,而且还为 GMS 在高精度地下水量评价方面提供了参考。骆祖江等(2012)针对平原型水库浸没问题,对松原壅水坝工程库区左岸采用数值模拟方法进行不同防渗工况下浸没范围预测。高明(2017)利用 GMS 软件结合原始钻孔数据采用 Soilds 建模法,对石佛寺水库建立三维地质模型,用以预测该研究区浸没范围并结合多因素分析不同水库蓄水水位对周边居民生产生活的影响。

通过对比与研究发现,Visual MODFLOW、FEFLOW、GMS 中,Visual MODF-LOW、GMS 使用频次高于其他数值模拟软件,但 GMS 相较另两款软件,功能更为完善,界面交互和可视化界面更为友好,并且 GMS 是唯一支持使用三角网格划分(TINs)建立 TIN 模型,使用 Solids 模块基于钻孔数据建立三维地质模型的地下水数值模拟软件。GMS 在可视化和应用便捷性方面都略胜一筹。因此,以赣江尾闾综合治理工程赣江北支与中支包围的河间地块为例,借助 GMS 构建地下水数值模拟模型,为平原型地下水浸没预测的研究提供强有力的平台。

四、地下水浸没范围研究进展

水库蓄水后,地下水会沿库堤两岸呈片状向周边区域浸没,由于地下水系统本身的复杂性使人类对于有关地下水方面的研究一直停留在定性阶段,直到

1856 年,达西定律使得地下水的研究由定性阶段过渡到定量阶段,1863 年裴布依推导出地下水的单向与径向稳定井流公式,对于地下水的深层次研究起到了关键作用。20 世纪 20 年代末期,美国对于地下水的超量开采使研究者认识到地下水与时间变化的关系。随着计算机应用技术的发展,解析法逐渐被淘汰,而地下水数值模拟方法得到更多学者的关注。地下水的数值模拟方法是指针对研究区域特定条件下的数学模型,将研究区域在空间以及时间上离散成微小单元,先将某一时段对应的单元采用相应的公式计算出来,然后依照时间单元依次计算直到所有时段都计算完成,将对应单元的计算结果累加起来,这样就可以采用模拟的方法来计算地下水时空变化的过程。20 世纪 50 年代以来,该方法被广泛应用于各个领域。地下水数值模拟方法是根据观测井水头不断去反演水文地质参数与边界条件,当观测点位越多且网格剖分越精细时模拟精度越高,因此该方法在近些年国内外地下水研究中得到广泛应用。

水库浸没问题的研究有着较长的发展史,早期研究方法主要以水文地质勘察法为主。如 2002 年鲍立新对阎王鼻子水库以浸没勘察综合类比法进行相关的浸没预测,其主要工作在于结合水库回水高程计算由于排泄基准面改变而引起的地下水位变化,得到壅高之后的地下水位,配合现场地形和毛细水位进行附近区域的地下水浸没范围预测。王碧等人对由冲积形成的二元沉积结构的平原地区,以土层渗透规律为主要影响因素,利用折减系数法提出了适用于承压含水层的计算公式,以湘江长沙综合枢纽工程的苏托垸地区为研究区进行了计算。2004 年,肖长来以模糊均生函数模型(FAFM)为基础,利用该模型计算得出残差数据序列,提出模糊均生函数残差模型(REMFAF)的概念,通过实例运用,证明了模糊均生残差模型具有很强的实用性。2009 年,任印国、柳华武等人利用 FEFLOW 有限元地下水流动模拟软件模拟并研究了石家庄东部平原地下水流场,为开发利用地下水资源提供了很好的参考。2018 年,贺向丽等人利用 GIS 与 FEFLOW 软件建立了红崖山灌溉区潜水的三维地质模型,并对研究区进行了评价分析,在分析结果上提出了相应的调控方案,最后针对不同的方案进行了地下水动态预测。

本次研究选取工程中赣江南支流为对象,该地建成拦河坝后地下水位变化会直接影响到附近村民的生命财产安全,需要对蓄水后的浸没范围进行分析,结合前人经验对影响范围建立模型并进行分析研究。

五、地下水浸没影响范围评价软件的发展

随着计算机技术的发展,为了适应数值模拟技术的大量应用,国外出现了多款基于不同方法的地下水模拟软件,应用较多的有 GMS、Visual MODFLOW 和 FEFLOW 等。

Visual MODFLOW 是加拿大的 Waterloo 公司以 MODFLOW 为基础研发的。作为目前国际上最为流行的地下水模拟软件之一,它在三维地下水流和溶质转移方面被国际上一致认可,是一款专业的地下水模拟可视化软件。不过实践证明,它并不适合某些复杂的地质条件以及不饱和流动、密度变化的流动、热对流等棘手问题。相比之下,GMS 能更好地处理一些复杂的问题。

FEFLOW,全称 Finite Element subsurface Flow system,是一款基于有限元的地下水数值模拟软件,20 世纪 70 年代由德国 WASY 公司研究开发而成。它是目前为止功能最为齐全的地下水数值模拟软件之一,在处理水量、水质及水温方面有较大的优势。但是它也存在一定的缺陷,譬如无法处理水文地质中的断层情况,或者局部具有强透水性的地质情况。相较于 GMS 软件,FEFLOW 软件最大的缺陷是没有独立的程序包,这种情况会使建立模型后期调整参数较为困难。

河海大学专家李致家在《水科学进展》中对 FEFLOW 软件进行了相关介绍,指出 FEFLOW 可以建立地下水流污染物以及地下水渗流模拟模型,且具有较为完善的功能。2018 年,贺向丽等人利用 GIS 与 FEFLOW 软件建立了红崖山灌溉区的三维地下水模型,并对研究区域进行了综合评价,根据评价结果提供了相应的调控方案,然后模拟了通过不同方案解决落实后的地下水动态。

GMS(Groundwater Modeling System)作为地下水数值模拟软件的集成系统,把不同的系统区块包括 MODFLOW、MODPATH、MT3DMS、FEMWATER、SEEP2D、UTCHEM、RT3D、MODAEM 集成到同一环境下,使用统一的模型构建、参数赋值、后处理等功能。相对于 FEFLOW,有了不同的程序包加入,GMS 的应用范围不断加大,并且大大提高了输入数据的效率,消除了一些不必要的烦琐过程;相对于 Visual MODFLOW,GMS 可以更加方便快捷地进行运算,处理一些复杂问题。

第二章　赣江尾闾地下水浸没概况

第一节　研究区域范围

此次研究区域位于南昌县北部、鄱阳湖西南岸、赣江下游进入鄱阳湖的冲积平原区之上,包括赣江下游尾闾综合整治工程的主支、北支、中支、南支枢纽拉水闸附近有地下水浸没风险的低洼部分。赣江下游尾闾综合整治工程是迄今为止江西省投资最多、规模最大、功能最新的河道治理工程,总投资约115.6亿元。如图2-1所示,工程由南昌水利枢纽工程和洲头防护工程两大部分组成,其中,南昌水利枢纽工程设置主支、北支、中支和南支四座拦河闸;洲头防护工程包括扬子洲头和焦矶头防护工程,总防护长度为9.32千米。工程于2021年12月28日开工,总工期60个月,计划2024年8月达到蓄水条件,发挥工程效益,2026年12月竣工。

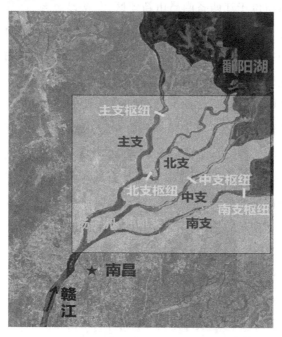

图2-1　赣江尾闾综合整治工程研究区范围图

研究区属河流冲积平原地貌。区内地形平坦开阔，Ⅰ级阶地发育，Ⅰ级阶地后缘接Ⅱ级阶地，但受后期侵蚀，形态不完整。地面高程一般为 16—18 米，地势低平，港汉、湖沼密布，为典型河湖相冲积平原地貌。研究区内水塘、洼地、取土坑等多沿堤线呈带状分布。

区内主要为第四系地层，上层为黏土地层，下层为砂砾层，为典型的冲积平原区二元地层结构，研究区总面积约为 125 平方千米。

第二节　自然经济地理概况

一、地理位置

赣江下游尾闾综合整治工程位于赣江干流下游的南昌市新建区和南昌县境内，赣江经过南昌市区后分为北支、主支、中支和南支注入鄱阳湖，距离南昌市中心约 30 千米。综合整治工程拦水坝址区均位于赣江冲积平原的地势低缓地区，地形平坦开阔，是浸没易发地带。

赣江主支枢纽位于江西省南昌市新建区，北接昌邑乡，南靠蒋巷镇，西部为象山镇，地处鄱阳湖冲积平原。研究区内沿赣江主支分为东西两部分，东部包括肖淇村，联庄村，象湖村上丰实圩、下丰实圩；西部包括河林村、老支村、上太平圩。两岸研究区总覆盖面积约 13.5 平方千米。

赣江北支和中支的地下水研究区包括北支和中支之间的河间地块和南新联圩圩堤内侧的低洼地带。其中南新联圩位于南昌县北部、鄱阳湖西南岸、赣江北支与中支之间，为一封闭圩区，东南与南昌县蒋巷联圩隔河相望，西滨赣江主支，北与新建区二十四联圩、成朱联圩及南湖圩隔河相望，堤线全长 56.996 千米。研究区内保护面积为 98.26 平方千米，保护耕地 10.26 万亩。

中支枢纽位于南新乡下游约 5 千米处，上下闸线位于赣江中支南新乡楼前大桥下游 4.8—5.0 千米处的南新村附近。拟建闸址地貌单元为赣江下游尾闾冲积平原地貌。闸线左、右岸分别为南新联圩、蒋巷联圩，堤高一般为 7.0—9.0 米，堤顶高程分别为 22.02—22.75 米、22.15—22.81 米，堤顶宽 6.0—8.0 米，为水泥路面。赣江中支河道及滩地沟渠纵横，水塘密布。

赣江中支蜿蜒曲折，闸址区河道总体较为顺直，在下闸线左岸局部内凹，河流由南西至北东流经闸址区。两岸宽约 864—900 米,左岸堤脚沿线分布条带状漫滩,长约 400 米,宽约 40—80 米,漫滩现多被改造为鱼塘,右岸基本无滩地,地面高程一般为 10.2—13.8 米,左高右低,中间略凸起,地形起伏不大。河道深槽分布在右岸,高程最低达 9.0—12.0 米。

闸址堤内左岸多为村庄、田地及水塘,右岸主要为水田及鱼塘。因河流冲刷作用,阶地前缘河流凹岸处存在冲蚀现象,其余未见较大规模的崩塌、滑坡等不良地质现象。闸址蓄水后,赣江水若长期浸泡堤脚,则将引起部分填筑质量较差的堤段产生脱坡现象。

赣江南支拦水闸闸址位于南昌市五洲尾村以东约 500 米处,研究区包括南支拦水闸左右两岸的大成圩村、城头万家村、外范村、北舍村和下家旱村、杨家村、立新村和三洞湖村等,高程范围为 14.0—16.5 米。

根据项目建设需要,赣江尾闾综合整治工程的赣江主支、北支、中支、南支的左右两岸潜在浸没区为研究区,区内为典型的冲积平原型二元地层结构。

二、地形地貌

研究区地面高程一般为 16—18 米,地势低平,港汊、湖沼密布,为典型河湖冲积平原地貌。研究区赣江主支、中支、北支、南支等Ⅰ级阶地发育,阶面高度较小,一般为 1—2 米,部分地段有塌岸现象。圩内水塘、洼地、取土坑等多沿堤线呈带状分布。区内发育有漫滩、Ⅰ级堆积阶地和Ⅱ级堆积阶地。河床为浅 U 型河谷,区内海拔较低,地势平坦,河流纵横,水系发育,水网发达。

研究区赣江支流两岸堤脚沿线分布条带状漫滩,长约 400 米,宽 40—80 米。漫滩现多改造为鱼塘,右岸基本无滩地,地面高程一般为 10.2—13.8 米,左高右低,中间略凸起,地形起伏不大。河道深槽分布在右岸,高程最低达 9.0—12.0 米。自然地面高程一般在 10.8—13.4 米之间,河床地形起伏较大,区内大面积为耕地,两岸联圩在闸线较为顺直,未见较大规模的崩塌、滑坡等不良地质现象。

研究区圩堤沿江而筑,堤身填土主要取自堤内、外两侧地表,成分以壤土、粉质黏土为主,堤身防渗性总体较好,局部堤段夹薄层砂类土,或主要由砂壤土、粉细砂组成,其防渗性差,汛期易发生堤身渗漏或存在渗漏隐患。

三、社会经济

研究区位于南昌市南昌县境内。南昌县是江西省南昌市的下辖行政区域，是南昌市重要的农业基地和工业区域之一，也是南昌市的发展前沿。南昌县的社会经济发展主要表现为农业、工业、旅游、教育等方面。南昌县是江西省的重要农业基地之一，以种植水稻、玉米、油菜、烤烟、蔬菜等作物为主。近年来，南昌县积极发展特色农业，不断推进农业现代化。工业以制造业为主，涵盖了机械、电子、化工、食品等多个领域。南昌县还是南昌市高新技术产业的重要集聚区之一，拥有一批高新技术企业。南昌县旅游资源丰富，有红色旅游、生态旅游、民俗文化旅游等多个类型。除此之外，南昌县的教育也丝毫不落后，南昌县拥有多所优质中小学，包括莲塘一中等知名学校。

第三节　气象水文

一、水文与气象特征

赣江尾闾综合整治工程地下水浸没研究区位于江西省中部偏北地区，属于中亚热带季风气候区，四季分明，气候湿润，年降雨充沛，日照充足，雨季集中在春季和夏季。南昌市是典型的"冬冷夏热"城市，年最高气温一般出现在夏季7—8月，最低气温通常出现在冬季1—2月，年平均气温17—18 ℃，夏季平均气温为27 ℃，冬季平均气温为6 ℃，全年气温波动较小。南昌市地处北半球中亚热带，受东亚季风的影响，夏季多偏西南风，冬季多偏北风；夏、秋高温干燥，冬季阴冷，春季多雨；有明显的梅雨季，降雨多集中在春季和夏季，其中4—8月为雨季，降雨量占全年总降雨量的80％以上，秋冬季气温逐渐下降，降水量也逐渐减少。

由图2-2可知，南昌市2000年至2022年每年的3—5月份气温接近年平均气温，而每年的6—8月份平均气温则高于年平均气温将近10 ℃，12—2月份气温则是保持在5—10 ℃之间。

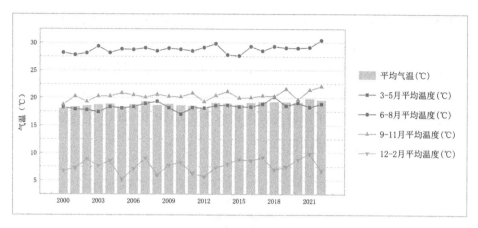

图2-2　南昌市2000—2022年平均气温

由图2-3可知,南昌市2000年至2022年期间,年降水量保持在1200毫米以上,2015年降水量达到了2600毫米左右,3—5月和6—8月降水量高于9—11月和12—2月。

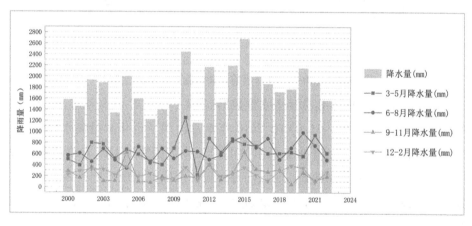

图2-3　南昌市2000—2022年降水量

赣江下游尾闾河间地块浸没研究区的水文数据源于部分水文(位)监测站的观测和记录。赣江下游尾闾中支浸没研究区内所设计的水文监测站为楼前站水文站,于1990年1月设立在南昌县南新乡楼前村,距离大口胡站约2.6千米,主要观测赣江下游尾闾中支的水位以及降水量。

二、地表水位观测

地表水位的变化对研究区内浸没范围的研究有着直接的影响,因此,对研究区内地表水观测数据的收集必不可少。地表水与地下水位存在补给关系,当地表水水位上升时,根据渗流原理,径流影响范围内的地下水位也会随之升高。根据赣江尾闾综合整治工程要求,枢纽建成后,水位抬高4—6米,存在库区浸没问题。为确认数值模拟时的水位高程,我们对研究区内河段进行了地表水位监测。本次工作旨在探索工程蓄水后,区内地表水位变化对周边环境地下水水位的影响,因此我们收集了该研究区内楼前水文站2010—2018年连续的地表水位观测数据,如图2-4所示。

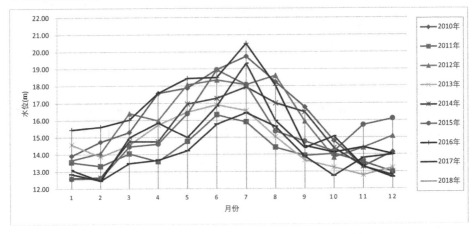

图2-4 2010—2018年楼前水文站监测水位动态情况

观察2010—2018年以来地表水位数据(表2-1)可知,这9年来,研究区内平均地表水位为14.08—16.43米,2010年6月出现了近年来最高水位21.71米,2017年2月出现了近年来最低水位12.12米。由图表可知,最高水位出现时间均在汛期,主要集中在6—7月,而每年最低水位则出现在11—2月的枯水期。造成该现象的主要原因是研究区地处中亚热带季风气候区,降雨多集中在3—7月。

表2-1 2010-2018年地表水位峰值情况

年份	最高水位(米)	最高水位出现时间	最低水位(米)	最低水位出现时间	平均水位(米)
2010	21.71	6月26日	13.09	11月18日	15.58
2011	17.68	6月22日	12.84	12月31日	14.20
2012	20.05	6月27日	12.73	11月6日	16.04
2013	17.93	6月30日	12.64	11月6日	14.72
2014	19.41	6月24日	12.55	1月31日	15.08
2015	19.77	6月16日	12.48	2月18日	15.32

续表 2 - 1

年份	最高水位(米)	最高水位出现时间	最低水位(米)	最低水位出现时间	平均水位(米)
2016	21.33	7 月 10 日	12.73	9 月 27 日	16.43
2017	21.01	7 月 5 日	12.12	2 月 19 日	14.92
2018	18.54	6 月 12 日	12.17	1 月 5 日	14.08

第四节 地质概况

一、地质概况

研究区位于南昌县南新乡,南新乡位于南昌断裂带的南缘,该断裂带是一个东南—西北走向的大断裂,是华南地区最重要的地质构造之一。它将南昌地区分为两部分,南部为华南古陆南缘,北部为江南造山带南缘。

研究区地处赣东北地区,属于南岭造山带与华南古陆南缘的交界地带,地质构造比较复杂,主要表现为南北向的隆起和东西向的断裂带。

研究区处于扬子准地台江南台隆之九岭—高台山台拱、鄱阳湖凹陷带构造单元中。研究区出露地层呈现二元结构,上部岩性为黏性土,主要为粉质黏土、壤土、砂质黏土,一般厚数米;下部为砂及砾石层,一般厚十几米至数十米。赣江尾闾综合治理工程研究区整个蓄水区地层为典型的二元平原结构,上层主要为黏土、壤土以及砂质黏土,下层则主要为砂类土和砂卵砾石,岩性分布较为复杂。

二、地层岩性

赣江尾闾综合整治工程研究区出露地层岩性主要为第四系全新统河湖相冲积层,具二元结构:上部为黏性土层,岩性主要为粉质黏土、壤土、砂质黏土,一般厚数米;下部为砂及砾石层,一般厚十几米至数十米。下伏基岩为第三系(E)红色砂岩,埋藏深。该研究区地层岩性特点如下:

1. 人工填土(Q_4):素填土主要为堤身填筑土。研究区堤顶高程 22.02—22.75 米,堤顶宽 7.2—8.5 米,堤高约 6.4—8.5 米,表层 0.3 米为砼路面。堤身填土主要由粉细砂(堤内侧不均匀分布)、砂壤土、壤土组成。粉细砂及砂壤土为黄色,干燥或稍湿,松散状,填筑质量一般;壤土为黄褐色,可塑状,黏性一般,局部夹薄层粉细砂,堤内外采用草皮护坡。

2.第四系全新统冲积层(Q_4^{1-al}):研究区内分布广泛,是组成研究区的主要地层,岩性上部以灰褐色、灰黄色、灰黑色黏土、壤土、砂质土为主,硬塑/软塑状,下中部为细砂、粉细砂、中砂;下伏砂砾石层,卵砾石成分主要为石英及少量砂岩碎屑等,呈次圆、圆状,粒径5—50毫米,局部大于10厘米,磨圆度较好,呈次圆状,成分以砂岩、石英砂岩为主,级配较好,含泥量低,透水性强,物理力学性质好,主要分布于赣江Ⅰ、Ⅱ级阶地上,各地层相互间具有较强的水力联系。

3.第四系上更新统冲积层(Q_3^{al}):研究区内分布广泛,岩性主要为灰黄色壤土;中部为中粗砂;下伏砂砾石层,主要由砾石及中粗砂组成,含粉粒0.1%—0.3%,含砾51.8%—62.8%,局部含个别卵石,卵砾石成分主要为石英及少量砂岩碎屑等,呈次圆、圆状,粒径5—20毫米,个别大者有20—30毫米,厚度1.00—5.30米,级配多不良,具有强透水性,物理力学性质较好。

4.第三系(E):全风化泥质粉砂岩伏于第四系松散堆积物之下,钻孔揭露岩面高程为−16.98—−13.02米,岩性主要为泥质粉砂岩,呈紫红色,粉粒结构,岩石剧烈风化呈砂土状,物理力学性质同黏土,黏性较强。揭露层厚0.1—2.5米,岩芯呈硬可塑状黏土夹碎块状。

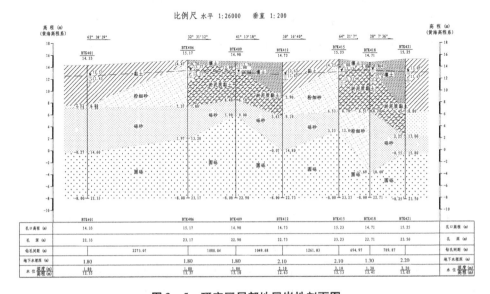

图2-5 研究区局部地层岩性剖面图

强风化泥质粉砂岩紫红色,中厚层状构造,粉砂质结构,泥质、钙质胶结,岩芯呈碎块状、饼状,部分呈黏性土状,手易折断,岩芯破碎,滴稀盐酸起泡,遇水易软化,干燥易崩解,遇水稳定性差,岩体破碎,属极软岩,岩体基本质量等级为Ⅴ级。揭露厚度0.1—2.5米,层底高程 – 16.68— – 13.19米。

弱风化泥质粉砂岩紫红色,中厚层状构造,粉砂质结构,泥质、钙质胶结,岩芯以长柱状、柱状为主,局部短柱状,锤击声哑,岩芯较完整,滴稀盐酸起泡,遇水易软化,干燥易崩解,遇水稳定性差,属软岩,岩体基本质量等级为Ⅳ级。未揭穿,揭露层厚3.3—14.2米。

图2-6 赣江尾闾典型的二元结构(BTK420)

三、水文地质条件

研究区水文地质条件较简单,地表水系发育,沟、塘、坑密布,地下水类型主要为孔隙潜水和基岩裂隙水。

孔隙潜水主要赋存于第四系松散覆盖层下部的砂类土、砂砾(卵)石层和圆砾层中,含(透)水性好,为主要含(透)水层,含水层厚度一般大于25.80米,含水量较为丰富。主要接受大气降水和部分基岩裂隙水补给,与赣江水力联系密切,丰水期接受赣江的侧向补给,枯水期则排泄于赣江之中,汛期时具有承压性。勘测资料显示,地下水稳定水位高程一般在13.30—13.51米之间,局部地下水位处黏性土层中,高于相对不透水层底板,汛期地下水位还将抬高,具承压性。

基岩裂隙水主要赋存于第三系(E)地层的构造破碎带及节理裂隙中,其含(透)水性差,主要接受大气降水补给,排泄于河床。

四、本章小结

本章节主要从自然地理位置、地形地貌、社会经济、气象水文、地质概况、水文地质等方面介绍了该研究区的基本概况，介绍了该区域的地层岩性、地质构造，分析了区域内地下水类型以及补给方式。我们通过阅览文献、现场调查、室内外实验等方式收集区域基本资料，再对已收集的资料进行分类、整理、分析，筛选有效数据，为后续水文地质建模提供基础和有效的数据保障，为数值模拟的构建奠定了基础。

第三章 赣江下游冲积平原土层的渗透性试验研究

第一节 绪论

一、研究背景和研究意义

(一)研究背景

赣江抚河下游尾闾综合整治工程是江西省水网建设的重要项目,包括赣江尾闾综合整治工程和抚河尾闾综合整治及河湖水系连通工程。项目旨在提升水资源管理效能,促进生态环境的修复与保护,确保供水安全,并增进水系交通顺畅度。该项工程的核心任务包括对赣江、抚河等自然河道进行综合整治,以及串联象湖、青山湖、艾溪湖、瑶湖、青岚湖等关键湖泊,构建出南昌市的"三横四纵"骨干水系。据预测,工程将于2026年底全面完工并投入运营。工程竣工后,南昌市的水利条件将得到显著提升。赣江尾闾、抚河尾闾的城市储水量将分别增加6亿立方米和1.4亿立方米,枯水期的水位也将有所上升。这将有力地改善南昌市的生态环境,确保供水安全,提升水运通道的通行能力,并满足农田灌溉的需求。整治工程的实施将为江西省水网建设做出重要贡献,促进水资源的合理配置,改善生态环境,提高供水和交通运输的效率。

经现场调查,该工程区有多处河间地块,冲积土层发育,其渗透特性将影响到工程的渗透变形及建设质量。

土层的渗透性不良可能会导致以下几方面的危害:

1.渗漏问题:渗透性不良的土层容易引发渗漏问题。如果土层无法有效阻止水分的渗透,会导致水资源的浪费和减少。渗漏还可能引发土地沉降、土壤液化等地质灾害,对工程稳定性造成威胁。

2.地下水污染:渗透性不良的土层无法有效过滤和保持地下水的质量,容易造成地下水污染。特别是在工业、农业和城市排污等活动频繁的地区,如果土层渗透性差,污水等有害物质可能渗入地下水,造成环境和人类健康的风险。

3. 地基沉降:土壤中的水分如果无法被土层有效排泄,会导致土壤饱和,进而引发地基沉降问题。这可能对建筑物、道路和其他基础设施的稳定性造成威胁,甚至导致倒塌和损毁。

4. 农田灌溉问题:渗透性差的土层将影响农田的灌溉效果。如果土壤无法容纳和排泄过多的水分,会导致农田排水不畅、土壤湿润、水分过度饱和,影响作物的生长和产量。

5. 土壤侵蚀:渗透性不良的土层会导致表层水分滞留或无法排泄,从而增加土壤侵蚀的风险。雨水和地表水会在表土层积聚,增加水流对土壤的侵蚀力,加速土壤的流失和贫瘠化。

图 3 - 1　现场的调查照片

综上所述,渗透性不良的土层可能引发渗漏、地下水污染、地基沉降、农田灌溉问题和土壤侵蚀等一系列问题。因此,在水利工程和土地利用规划中,必须对土层的渗透性进行科学评估和合理处理,以确保工程和环境的稳定和安全。

(二)研究意义

理论意义:针对冲积平原土层进行渗透性试验研究,可以获得本地土壤的渗透特性数据;可以验证和探索现有的渗透性理论模型的适用性和准确性;可以研究土壤和水之间的相互作用关系。针对特定地区的渗透性研究有助于制定适用于该地区的工程设计和管理方案。通过比较不同区域的土壤渗透特性,可以揭示土壤和地质条件对渗透性的影响,为类似地区的工程和环境管理提供参考和借鉴。

实践意义:冲积平原土层的渗透性试验研究,可以为抚河尾闾拦水坝的工程设计和施工提供实用的指导。了解土层的渗透性能,可以评估土壤的渗透速率和渗透压力抵抗能力,为工程设计师提供坝基防渗工程的设计参数,指导施工人员在施工过程中采取合适的防渗措施和加固方法;可以判断土层对水的渗透和渗漏的能力,评估工程的防渗性能,提前发现和解决潜在的渗漏问题,确保赣江尾闾拦水坝的安全运行;可以评估地下水的补给和储存能力,为水资源的调配和利用提供依据,优化水资源的配置和供给,提高水资源的利用效率,满足农业、工业和居民生活的需求。

实训意义:本次研究的主要目的是分析综合整治工程的工程地质条件,研究综合整治工程冲积土的矿物成分及地质成因,开展冲洪积土取样,开展渗透试验及数值分析,提出冲积土的治理设计方案,了解河间地块的渗透特性,消除渗漏、管涌等隐患,保障综合整治工程的安全。本次研究能够帮助我们在实训中掌握渗透性试验方法,掌握对冲洪积土的渗透性计算分析方法,掌握对冲积土的治理方案设计。

二、冲洪积土的工程特性

冲洪积土是由河流冲积和洪水冲积共同作用形成的土壤类型,其工程特性受到多种因素的影响,包括土的类型、结构、物理力学特性、压缩性和渗透系数等。

1. 土的类型:冲洪积土通常包括砂土、粉土、黏土以及砾石、卵石等粗粒料。这些成分的组合和比例可以因地理位置、气候条件、河流特性和洪水事件等因素而有所不同。黄河下游冲洪积平原主要由砂土、黏土和粉土组成。

2. 结构:冲洪积土的结构通常较为复杂,可能包含多个层次或层理。这些层次或层理可能由不同的土壤类型和颗粒大小组成。此外,冲洪积土中还可能存在透镜体、夹层、团块等结构特征。例如美国科罗拉多河冲洪积扇,具有明显的交错层理和透镜状结构。

3. 物理力学特性:冲洪积土的物理力学特性取决于其成分和结构。一般来说,冲洪积土的密度、干密度、含水量、压缩模量、抗剪强度等物理力学指标存在一定的变化范围。这些特性的变化可能对工程设计和施工产生重要影响。例如印度恒河冲洪积平原,具有较高的强度和较低的密实度。

4.压缩性:冲洪积土的压缩性通常较低,因为其成分中可能含有较多的粗粒料。然而,在某些情况下,冲洪积土中可能存在软弱的黏土层或透镜体,这些部分的压缩性可能较高。因此,在评估冲洪积土的压缩性时,需要考虑其整体结构和成分。例如塔里木河冲洪积平原,细粒土分布广泛,具有较高的压缩性。

5.渗透系数:冲洪积土的渗透系数受其成分、颗粒大小、结构等因素的影响。一般来说,冲洪积土中的粗粒料具有较高的渗透性,而细粒料则可能具有较低的渗透性。因此,冲洪积土的渗透系数可能存在一定的变化范围。在工程设计和施工中,需要考虑冲洪积土的渗透性对地下水流动和排水系统的影响。例如澳大利亚墨尔本附近的冲洪积平原,渗透系数较高,有利于地下水排泄。

具体的工程性质可能会因地理位置、气候、地质历史等多种因素而有所不同。在实际工程中,需要对具体的冲洪积土进行详细的地质勘查和试验,以确定其工程性质,为工程设计和施工提供依据。

三、国内外冲洪积土渗透性研究现状

冲洪积土的渗透性研究对于工程地质、水文地质、环境科学等领域具有重要意义。

(一)国外研究现状

在国外,冲洪积土的渗透性研究起步较早,研究内容涵盖了渗透系数的测定、渗透性影响因素的分析、渗透性与土体稳定性的关系等方面。达西于1856年通过一维渗透试验提出达西定律,明确了渗流速度与水力梯度的定量关系,为渗流理论的发展奠定了基础。Rayhani研究干湿循环下不同类型土体的渗透性变化,发现随着循环次数的增加,渗透系数逐渐增大,该研究为理解土体渗透性变化规律及工程应用提供了重要依据。这些研究成果展现了科学研究的严谨性和理性精神,推动了渗流理论的深入发展。

随着科技的发展,越来越多的新技术和新方法被应用到冲洪积土渗透性的研究中,如瞬态剖面法、示踪试验、原位渗透试验等。同时,国外学者还注重将

研究成果应用到实际工程中,如土坝渗透稳定性分析、地下水污染控制等。

（二）国内研究现状

相较于国外,国内对冲洪积土渗透性的研究起步稍晚,但近年来随着国家对地质环境保护的重视,该领域的研究得到了快速发展。曹志翔基于泊肃叶定律,建立了渗透物理模型,推导了渗透系数公式,并引入叠合系数概念,该公式经实验验证适用于粗粒土层流渗透计算。林晚梅深入研究了木兰溪防洪工程堤基渗流问题,优化了渗流计算公式,提出了评价依据,为堤基渗流计算和安全性评估提供了支持。

国内研究主要集中在以下几个方面:一是通过室内试验和现场试验测定冲洪积土的渗透系数,分析其空间分布规律;二是研究冲洪积土渗透性的影响因素,如土的颗粒组成、密度、含水量等;三是探讨冲洪积土渗透性与土体稳定性的关系,为地质灾害防治提供理论依据。

目前,国内外对冲洪积土渗透性的研究已经取得了一定的成果,但仍存在一些问题,如研究方法不够多样化、研究成果与实际工程应用的结合不够紧密等。未来,需要进一步加强新技术和新方法的研发与应用,提高冲洪积土渗透性研究的准确性和可靠性,为工程地质、水文地质、环境科学等领域的发展做出更大贡献。

四、研究内容及技术路线

（一）研究内容

本书以冲积平原土层为研究目标,为了研究河间地块的渗透特性,消除渗漏、管涌等隐患,保障综合整治工程的安全,需要对冲洪积土的渗透特性进行试验研究。

（1）分析综合整治工程的工程地质条件。

（2）研究综合整治工程冲积土的地质成因及分布特征。

（3）开展冲洪积土取样,进行相关常规室内土工试验,分析冲洪积土的基本物理性质。

（4）利用 GeoStudio 工程仿真分析软件建立模型,进一步对样品的渗透特性进行研究。

(二)技术路线

赣江下游冲积平原土层的渗透性试验研究技术路线图如图3-2所示。

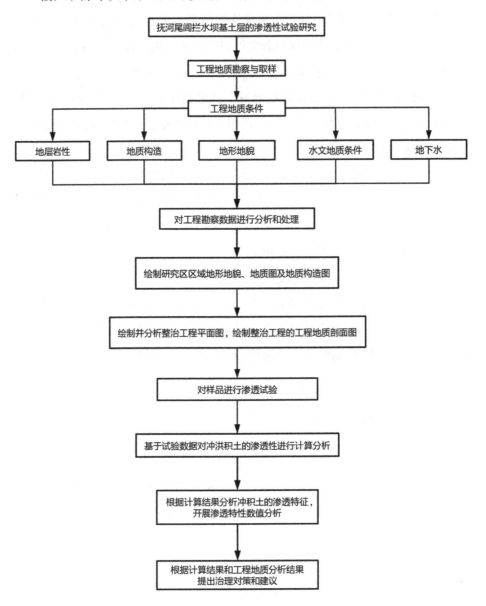

图3-2　技术路线图

第二节　研究区工程概况

一、地理位置

塔城枢纽工程是抚河下游尾闾综合整治控制性工程,由塔城闸和抚河河道疏浚组成。塔城闸位于南昌县塔城乡塔城大桥下游约 2 千米处,主要包括泄水闸、预留船闸、鱼道及连接段等,为Ⅲ等中型工程,闸前最高控制水位为 17.50 米,相应库容为 0.549×10^8 立方米,预留船闸等级为Ⅲ级,航道等级为Ⅲ级;抚河河道疏浚主要自焦石坝下游至塔城大桥上游,疏浚长度为 49.645 千米,疏浚河道底宽 80—90 米,采用坡比 1∶5 放坡。

二、地形地貌

抚河为江西省境内第二大河流,其流域地处长江中下游南岸,东部与信江,西部与赣江流域相邻,东南部以武夷山脉与福建省为界。抚河自焦石以下进入下游及尾闾区,尾闾河道河网交错,为冲积性的分汊型河道,主河道经三阳进入鄱阳湖。

抚河流域东南部与福建交界,以武夷山脉为界;西南部与赣江支流梅江相邻,以雩山山脉为界;东北部与信江流域相连,为低矮丘陵地带;西北部则为赣抚下游冲积平原。地势特征表现为东南偏高,而西北偏低。下游尾闾地带为一片辽阔的冲积平原,地势平缓,海拔普遍低于 50 米。河床极为宽广,宽度在 400—1000 米之间,Ⅰ级阶地和漫滩的宽度更是扩展至数千米。在这片土地上,蛇曲、古河道、牛轭湖、江心洲等多种微地貌形态交错分布,形态各异。在远离河谷的地带,Ⅱ级阶地呈断续状露出地面,同时还散布着一些低矮的红土丘陵,构成了一幅壮丽的地理画卷。

抚河下游尾闾河段的河道形态为平原型微弯性河流,河宽介于 600—3000 米之间,河曲发育,洲滩遍布,深槽左右移动,冲淤现象并存,但以淤积为主。在焦石坝至塔城大桥段,河长 52.5 千米,河床内砂料沉积严重,导致河床抬高;塔城至三阳河段,河长 24.0 千米,河面宽广,河床内有大片草洲分布,淤泥覆盖层厚度较大;青岚湖从塔城段右侧汇入,面积约为 122 平方千米(对应黄海高程 22

米),属于平原过水型湖泊。自 1958 年抚河主流实施茌港改道以来,河水流入青岚湖西汊,过水面积大幅增加,流速急剧降低。大量泥沙在湖汊内沉积,导致原湖汊河底日益抬高,河床逐渐拓宽,河道变得不稳定,对通航产生严重影响。

抚河中下游两岸多分布河谷冲积地貌及河湖冲积平原地貌。前者多分布在焦石坝至梁家渡段,主要为Ⅰ、Ⅱ、Ⅲ级阶地及河漫滩等。其中:Ⅱ、Ⅲ级阶地分布大多不对称,且零星分布,分别由第四系上更新统、中更新统地层组成;Ⅰ级阶地呈断续分布,且两岸不甚对称,阶面宽十至数百米,高出河床 5—8 米,构成狭长的河谷冲积平原,由第四系全新统地层组成。后者分布在梁家渡下游河段,主要为Ⅰ级阶地、河漫滩、江心洲和湖滩等。其中:Ⅰ级阶地由第四系全新统地层组成,阶面平坦、开阔,高出河床 3—5 米;河漫滩、江心洲、湖滩较发育,且多较宽,低平,汛期大多被洪水淹没;河道两岸大多筑有堤防,高度在 5—8 米之间。

工程区抚河及抚河故道等江岸坡尤其是凹岸迎流顶冲段存在小规模的崩岸,近年河道采砂致河道岸坡较陡,部分河段因采砂出现了深坑,其他不良物理地质现象不甚发育。

三、气象水文

塔城乡地处北半球亚热带地区,受东亚季风影响,构成了亚热带季风气候。此地带热能丰盈、降水充沛、光照充足,恰当的雨热搭配为农业生产提供了优良的气象条件。然而,季风的强度和推移时间每年都有所不同,导致气温波动较大,降水分布失衡,进而频繁出现高温干旱、低温降雪以及暴雨、洪涝、台风等气象灾害,对当地居民的生产和生活带来负面影响。该地年降雨量在 1600—1700 毫米之间,降水日数为 147—157 天,年平均暴雨日为 5.6 天,年平均相对湿度为 78.5%。

根据南昌气象站提供的气候数据,该区域的年平均气温在 17—18 ℃之间,夏季最高气温可达到 40 ℃,冬季最低气温则可降至 -10 ℃,平均年降雨量约为 1600 毫米,其中雨季(4—6 月)的降水量约占全年降水量的一半。

该区域属于长江流域的鄱阳湖水系,有赣江、抚河以及清丰山溪等河流流经。赣江为鄱阳湖水系的第一大河流,流域面积达 82809 平方千米,主河道长 823 千米,其中外洲水文站以上流域面积为 80948 平方千米,多年平均径流量为

682 亿立方米。抚河为鄱阳湖水系的五大河流之一,源自赣闽边界的武夷山西麓,自南向北流经广昌县、南丰县至南城县,在接纳黎滩河后,进入下游平原,并与抚州左岸的最大支流临水汇合。随后,河流转向西北流至南昌县,并在港汊处改道,通过青岚湖进入鄱阳湖。

抚河流域面积为 15767 平方千米,干流河长 344 千米,多年平均径流量为 156 亿立方米。塔城枢纽蓄水区位于抚河下游尾闾区,蓄水区水文地质边界条件为西侧以抚河故道为界,东侧以青岚湖为界,北侧以鄱阳湖为界,构成蓄水区的补给、径流、排泄的水文地质单元。该单元内地下水接受两岸冲积平原高地及抚河故道、水岚洲等水体侧向补给,总体沿南向北由地势高向地势低处径流,最终向鄱阳湖及赣江等低洼处排泄。

四、地层岩性

工程区域主要为第四系覆盖层,下伏基岩主要为中元古界双桥山群(Ptsh)、石炭系(C)、二叠系下统(P)、三叠系上统 - 侏罗系下统安源群(T_3^3 - J_{1an})、第三系(E)地层。现将区内主要地层岩性由老至新分述如下:

1. 中元古界双桥山群(Ptsh):构成基底褶皱,呈北东向展布,岩性以绢云母砂质千枚岩为主,夹千枚状砂岩、粉砂岩,呈灰黄色、灰绿色,主要分布于工程区西北侧和东南侧,焦石坝左岸山体出露于地表。

2. 石炭系(C):呈北东向展布,下统华山岭组(C_1h),岩性为紫红色砂岩夹粉砂岩及砂质页岩,下统大塘阶(C_1d),岩性为石英砾岩、石英砂岩、页岩、黏土岩等;中统黄龙组(C_2h),岩性为灰白色白云岩夹薄层灰岩。

3. 二叠系下统(P):呈北东向展布,下统茅口阶(P_1m)岩性为灰白色厚层灰岩及硅质岩、燧石条带灰岩及炭质灰岩;上统龙潭阶(P_2l)岩性为石英砂岩、粉砂岩、砂质页岩等。工程区中游王家洲、岭前余家一带出露。

4. 三叠系上统 - 侏罗系下统安源群(T_3^3 - J_{1an}):岩性为灰色燧石角砾岩、细砂岩夹薄层煤,梁家渡大桥下游抚河右岸庙前村一带出露。

5. 第三系(E):岩性主要为紫红色砂岩夹粉砂岩、泥岩、砾岩及含砾砂岩,主要分布于工程区下游,塔城枢纽、八字脑闸及水系连通下伏基岩均为第三系新余群泥质粉砂岩、粉砂岩等。

6. 第四系松散堆积层(Q):河床及沿岸地带广泛分布,按其形成年代及其成因可划分如下：

①中更新统冲积层（Q_2^{al}）：具二元结构，上部岩性为红色、棕红色网纹状黏土、砾质黏土等，下部为砂类土和砂砾石；多出露于工程区抚河、青岚湖沿岸低丘岗地。

②上更新统冲积层（Q_3^{al}）：具二元结构，上部岩性为黄色、棕黄色似网纹状黏土、砾质黏土等，下部为砂类土和砂砾石；多出露于工程区抚河、抚河故道沿线堤内及堤外和河床下部。

③全新统冲积层（Q_4^{al}）：上部岩性为黄色、灰黄色黏土、壤土，局部为淤泥类土，下部岩性为砂及砾石，多具二元结构；广泛分布于抚河、抚河故道沿岸Ⅰ级阶地、漫滩及河床中。

④人工堆积层（Q_4^s）：主要为已建堤防堤身填土，堤身填土主要由黏土、壤土组成，局部由砂类土组成。

五、地质构造

（一）区域地质构造单元

工程位于扬子准地台（一级构造单元）、江南台隆（二级构造单元）的九岭—高台山台拱（三级构造单元）之次级鄱阳凹陷构造单元、萍乡—乐平台陷（三级构造单元）之次级丰城—乐平凹断束构造单元之中，其中赣江南支处于萍乡—乐平台陷次级丰城—乐平凹断束构造单元之中，其余工程区位于九岭—高台山台拱次级鄱阳凹陷构造单元。区内构造形迹为第四系所覆盖，区内基底褶皱强烈，盖层褶皱较弱，断裂较发育，以北东向断层为主。

（二）褶皱

在工程区西北部，除前震旦系双桥山群千枚岩所形成的一系列北东东至北东走向的次级紧密线状同斜褶皱外，第四系覆盖层下的白垩系及下第三系地层中，亦可见北东向、近南北向和北北西向的缓倾斜背斜与向斜结构。

（三）断裂

区内新构造运动表现显著，自第三纪以来，沉积了厚达千余米的砂岩层。尽管地震活动相对较为微弱，但构造格局主要受到赣江大断裂的支配。根据区域地质资料的详细分析，工程区的地质结构主要受两条大型断裂以及断陷盆地中发育的众多隐伏或半隐伏断裂的联合控制。这两条主要断裂,一是穿越狮子山并控制南昌红盆边界的 F1 断裂,另一则是大致沿赣江走向分布的 F2 断裂。此外,本区域内还广泛分布着以北北西向为主的隐伏或半隐伏断裂,尤以 F3 和F5 断裂最为显著。在区域的南侧,可以观察到 F4 断裂的明显迹象,而西侧则分布着 F6 断裂。

(1)F1 断裂

F1 断裂西自宜丰,经南昌乐化北至景德镇,全长约 200 千米,断裂走向北东70°—80°。工程区内北东—东西向的断裂带,为新建—樵舍—南新断裂带,在樵舍附近与赣江主支相交,在南新乡附近与中支相交。结构面走向北东—东西向,倾向南东,倾角约 65°。该断裂带距主支象山枢纽约 13 千米,距中支枢纽、南支吉里枢纽约 2 千米。

(2)F2 断裂

F2 断裂为“赣江大断裂”,其源头位于北部的湖口,蜿蜒西南至星子、新建、昌北、南昌市区、新干、吉水,随后沿着吉安—泰和盆地西缘行进,直至崇义。此后,断裂带穿越大余梅岭,进一步延伸至广东省境内,其在江西省内延伸长度超过 600 千米。

断裂的走向为北北东向的,多数在 25°—30°之间。断裂带多为第四系所覆盖,但不少地段仍有断裂迹象,时隐时现断续分布。其中断裂北段的庐山东麓,断层陡崖甚为壮观,地貌上庐山拔地 1374 米,与东侧洼地于短距离内高差达1400 米。断裂中段为第四系覆盖。断裂南段被吉安—新干盆地所覆盖。

工程区断裂沿线多被第四系所覆盖,在南昌地区断裂沿线并未出现对红盆地的明显切错。据前人在石油地震普查中发现,走向 49°,断层倾向北西 55°,张扭性,垂直断距约 72 米。该断裂带在工程区内北支口以北基本沿赣江主支延伸,位于主支枢纽西侧,与主支枢纽相距约 1 千米。

(3)F3 断裂

北北西向断裂,此断裂大部分地段为河谷、盆地分布区,掩盖严重,主要有杨家洲—蛟溪村断裂带,展布于蛟溪村、莲塘、杨家洲及瀛上等地,延伸长约 29千米,断层总体走向为北北向,倾向北东,倾角较陡。该断裂带与最近的南支吉里枢纽相距约 30 千米,对工程基本无影响。

（4）F4 断裂

该断裂位于萍乡—乐平台陷与官帽山台拱的交错地带，西起新余，经丰城、婺源，沿皖浙交界处向北东延伸，断裂总体走向为 NE50°左右，由一系列斜冲断层平行排列所组成，不同地段不同程度地控制了晚古生代及中生代的沉积和分布，在皖南浙西一带见强烈的挤压片理带，局部地段还有糜棱岩化。该断裂带与最近的南支枢纽相距约 50 千米，对工程基本无影响。

（5）F5 断裂

此断裂呈北西向延伸，断裂大部地段被掩盖，但卫星照片显示清晰。断裂南段与信江河道基本一致，并控制着晚侏罗世火山岩的分布，断裂横切一系列印支期及其以前的构造线，明显控制中生代的盆地和沉积，可能主要形成于印支运动，而在燕山运动期间仍有强烈活动。其性质以张剪性特征表现较为明显。余干县东南可见断裂发育于侏罗系中，两侧地层倾向相反，断裂表现为宽约 2.5 米的破碎带，见 1—2 厘米厚的黄褐色断层泥条带，断层泥物质呈半固结状。该断裂带距最近的南支枢纽约 20 千米，对工程基本无影响。

（6）F6 断裂

该断裂北自九江，向西南经德安、靖安至罗坊，主要发育于新元古界、下古生界和晋宁期花岗岩中，由一系列走向北北东和北东的逆断层和硅化变形带组成，断裂切割新生代红色盆地。总体略向阳花东南凸出，呈弧形延伸，南段走向北东，北段为北东—北北东，延伸约 180 千米。断裂形成时代较早，燕山期活动强烈，为逆平移性质，喜马拉雅期以正平移为主。断裂附近有新近纪基性侵入岩体分布。该断裂带距最近的主支枢纽约 40 千米，对工程基本无影响。

六、场地与地基土地震效应

（一）场地类别划分

拟建工程推荐闸址建基面之下覆盖层岩性情况如下：主支为砾砂、圆砾，厚 22.81—29.76 米；北支为中砂、粗砂、圆砾，厚 16.49—17.44 米；中支为细砂、粗砂、砾砂、圆砾，厚 19.78—21.14 米；南支为细砂、黏土、圆砾，厚 32.92—33.50 米。根据钻孔所做的剪切波速测试成果，场地类型为中软场土—中硬场土。根据《水工建筑物抗震设计标准》（GB 51247—2018）第 4.1.3 条的规定，判定拟建工程场地类别为Ⅱ类。

（二）砂土液化及软弱黏土

据水工专业确定的本工程抗震设防烈度为6度，根据相关规范，6度时饱和砂土的液化判别一般情况下可不进行判别。

场地中分布的砂质黏土，呈流塑—软塑状态，液性指数大于0.75，具有中灵敏度、高流变性、高触变性、高压缩性和低透水性，根据《水工建筑物抗震设计标准》（GB 51247—2018）的4.2.8条，砂质黏土属于软弱黏土层，作为受力层时应采取抗震措施。

七、区域构造稳定性及地震动参数

本区自白垩纪末至第四纪以来，测区长期以隆起为主，除部分断裂有所活动外，地表一般处于相对稳定状态。新构造运动主要表现为缓慢的升降运动，山体以侵蚀切割的地质作用为主，河流区域由于区域性的缓慢抬升，局部发育有河流阶地，但无显著的差异性构造运动。本区河谷阶地归属于内叠或上叠类型，这体现了自第四纪以来地壳运动处于阶段性的整体上升过程。现代地壳的运动特征亦主要表现为缓慢的上升态势。

与本工程密切相关的断裂主要为F1、F2。根据相关资料，与本工程区有关的6条断裂为早、中更新世断裂，晚更新世以来未见有明显的活动性。

根据《江西省地震志》记载，自公元319年以来，南昌市及其周边地区共发生11次地震，均为弱震。多数地震受邻省地震影响，其中较重要的有1575年3月16日、1631年8月14日（湖南常德）、1631年10月11日（湖南常德余震）、1631年11月9日（湖南临澧，4.5级）、1689年、1888年3月28日、1918年1月8日（南昌，3.5级）、1918年2月13日（广东南澳）、1932年4月6日（湖北麻城）、2004年1月7日（南昌县南新，3.2级）、2005年11月26日（九江瑞昌，5.7级）。南昌本地区仅有两次，分别发生于1918年1月8日和2004年1月7日。此外，自1971年以来，本地区还监测到多次无感地震，震级在0.1—2.4级之间。

总体来看，南昌地区地震活动特征为震级较小、强度较弱、频度较低，且呈现逐渐稳定的趋势。近期地震均为微震，区域稳定性良好。根据《中国地震动参数区划图》（GB 18306—2015）标准，该区域地震动峰值加速度为0.05g，地震动反应谱特征周期为0.35s,对应地震基本烈度为Ⅵ度,区域稳定性良好,适宜进行工程建设。

八、水文地质条件

工程区域地表水系发达,河、沟、塘、坑交织,区域内第四系及第三系地层分布广泛,地下水主要为孔隙性潜水和基岩裂隙水两类。基岩裂隙水主要分布于断裂破碎带和节理裂隙之中,其赋存、径流及岩体透水性受断裂构造、节理裂隙发育程度、充填状况、岩体风化程度及地下水补给条件制约,主要在断层破碎带、风化严重的节理裂隙密集带中形成富水带,受大气降水补给,排泄于盆地及河床。孔隙性潜水主要赋存于第四系覆盖层,上部主要由黏土、壤土、砂质黏土构成,透水性较弱,形成相对隔水顶板;下部分布有砂类土及圆砾等,含(透)水性良好,为主要含(透)水层,水量丰富,主要受大气降水及地表水补给,排泄于赣江,汛期则受赣江水侧向补给,呈承压性质,下伏基岩为隔水底板。

第三节　冲洪积土基本特征

一、坝基工程特征

根据钻探成果,闸址区表层分布较厚的黏性土,具微透水性,其下分布有较厚的粉细砂、中砂、粗砂、砾砂及圆砾,具强—中等透水性。

泄水闸基础下部分布砂质黏土,左右岸连续性较好,层厚(含夹层厚度,下同)一般为0.3—5.7米,其含水量较高,孔隙比大,内摩擦角小,承载力低,具高压缩性,易产生沉降变形问题。

左、右岸闸基础下部分布砂质黏土,其含水量较高,孔隙比大,内摩擦角小,承载力低,具有高压缩性,易产生抗滑稳定问题。

岸坡大多为第四系冲积滩地、阶地及圩堤组成的土质岸坡,多具二元结构,上部为黏性土,下部为砂类土,抗冲刷性能差,且岸坡较陡,局部未护坡,抛石固脚的凹岸已存在崩岸情况,蓄水后在长期水流冲刷和风浪淘蚀下,易产生小规模的崩岸、塌岸等影响岸坡稳定的问题。

河床第四系盖层厚度大,岩性较复杂。上部砂质黏土、粉细砂层物理力学性质差,在天然饱和状态下基坑开挖难以形成稳定边坡。砂、圆砾层含(透)水性较好,基坑开挖存在涌水及边坡渗透稳定问题。

闸址下游河床及滩地岩性为砂壤土、砂质黏土、细砂、中砂,其抗冲刷性差,存在冲刷问题,应注意闸后冲刷、淘刷对闸基的安全影响。

二、冲洪积土试样采集

本试验所用土壤样本来源于抚河尾闾塔城枢纽地区。在正式取样之前,我们已经多次深入现场进行勘察,并广泛查阅了相关地质勘查资料,从而对采样位置的地层分布特点有了初步的认知。

取土方式采用人工开挖法取土块,具体方式为:在已经整理过的场地上找到所需土样,用铲子将表层土壤挖开取深部土样,土样取出后装入编织袋,取得足够样品后,用胶带缠紧密封,防止运输过程中样品洒落。采集后,需对土样进行标记编码,详细标注采样场地、深度及方向等信息。在土样运输过程中,为确保土样免受扰动和破坏,每次仅允许单层堆放,且在装载时,相邻土块之间需保持适当间隔,以防止土体间的碰撞和挤压导致土样受到扰动。取土位置如图3-3、图3-4、图3-5所示,土样如图3-6所示。

图3-3 砂质黏土

图3-4 粉质黏土

图3-5 砂土

图3-6 土样打包

三、坝基冲洪积土土样特征

（一）物质组成

本次实验所采用的土壤主要包含砂质黏土、粉质黏土以及砂土，各类土层的具体特性如下所述：

1. 砂质黏土：灰色、青灰色、灰黑色，湿饱和，软塑状为主，局部流塑状，含有机质，具腐臭味，黏性较好，切面较光滑，有光泽，干强度低，韧性低，局部具砂感或局部夹薄层粉细砂。

2. 粉质黏土：褐黄色、棕红色，局部夹灰白色，硬塑或坚硬状，黏性较好，具灰白色蠕虫状构造，切面较光滑，干强度高，韧性高，无摇震反应。具中等压缩性，具弱—微透水性。

3. 砂土：土黄色，饱和，稍密—中密状，含少量粉、黏粒，局部含少量细砾，具中等透水性，大部分钻孔揭露该层。

（二）元素含量

利用荷兰帕纳科 Axios 仪器测得砂质黏土、粉质黏土和砂土的元素含量，结果如图 3-7、图 3-8 和图 3-9 所示。从图中可知样品主要由 O、Si、Al、Fe、K 等元素组成，其中砂质黏土与粉质黏土的元素含量类似，砂土中 O 含量较多，约占 75%；砂质黏土与粉质黏土矿物成分以黏土矿物为主，砂土矿物成分以石英、长石为主。

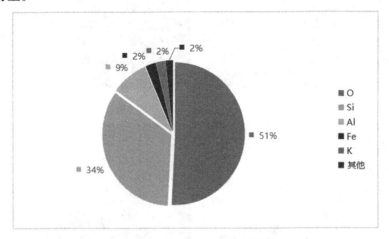

图 3-7　砂质黏土元素含量饼图

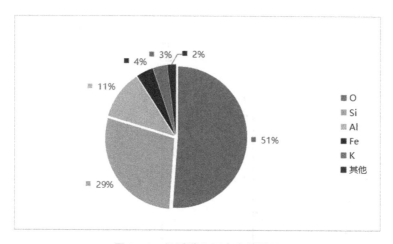

图 3 - 8　粉质黏土元素含量饼图

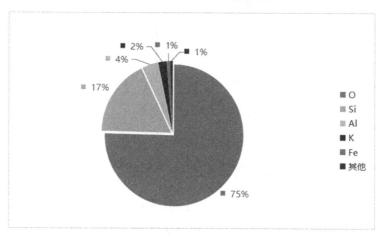

图 3 - 9　砂土元素含量饼图

（三）分布特征

砂质黏土主要分布于河床上部及左右岸滩地表层砂壤土层之下，层厚 0.30—5.70 米，层厚平均值为 1.95 米，层顶高程为 10.87—15.5 米，层底高程为 6.70—11.50 米。

粉质黏土全场均有分布，层厚 3.0—20.10 米，层厚平均值为 9.89 米，层顶高程为 -6.53—20.20 米，层底高程为 -7.03—12.48 米。

砂土位于粉质黏土层之下或夹于粉质黏土层中，层厚 0.50—9.50 米，层厚平均值为 3.44 米，层顶高程为 -1.36—13.39 米，层底高程为 -5.46—12.79 米。

具体分布特征如图 3 - 10 所示。

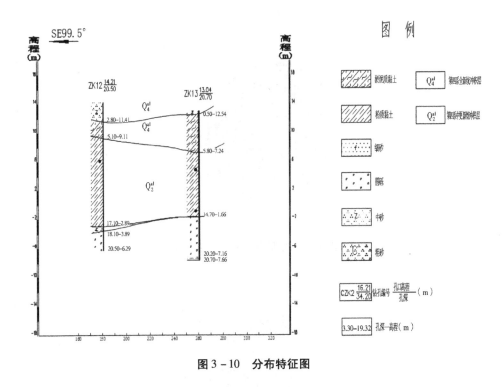

图 3 - 10   分布特征图

四、坝基冲洪积土的基本物理性质

通过标准击实试验获得砂质黏土和粉质黏土的最优含水率和最大干密度，采用比重瓶法和液塑限联合测定仪分别对砂质黏土和粉质黏土的比重和液塑限进行测定，采用筛分分析法和密度计法对砂质黏土和粉质黏土进行颗粒级配试验。所有试验步骤均严格按照《土工试验方法标准》(GB/T 50123—2019)的要求执行。根据室内土工试验的结果，砂质黏土和粉质黏土的基本物理性质指标如表 3 - 1 所示，颗粒级配试验结果如图 3 - 11 所示。

表 3 - 1   土的基本物理性质指标

位置	岩土类别	含水率 W (%)	比重 Gs	湿密度 ρ (g/cm³)	干密度 ρ_d (g/cm³)	孔隙比 e	塑性指数 I_p	液性指数 I_L
闸基 Q_4^{al}	砂质黏土	44.11	2.674	1.732	1.205	1.228	18.29	1.002
闸基 Q_2^{al}	粉质黏土	26.49	2.7	1.933	1.531	0.797	21.855	26.49

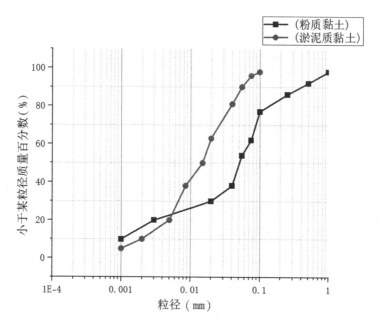

图 3 - 11　颗粒级配曲线

五、小结

通过对抚河尾闾塔城枢纽工程冲洪积土进行取样,取得了砂质黏土、粉质黏土和砂土。通过一系列的室内土工试验,对砂质黏土、粉质黏土以及砂土的基本物理性质进行了详细剖析,并对土样特性进行了全面评估,得出了以下结论:

1.多次深入现场勘察,查阅相关地质勘查资料,初步了解采样位置地层分布特点。砂质黏土主要分布于河床上部及左右岸滩地表层砂壤土层之下,粉质黏土全场均有分布,砂土位于粉质黏土层之下或夹于粉质黏土层中。

2.利用荷兰帕纳科 Axios 仪器测得砂质黏土、粉质黏土和砂土的元素含量,可得样品主要由 O、Si、Al、Fe、K 等元素组成。其中砂质黏土与粉质黏土的元素含量类似,砂土中 O 含量较多,约占 75%。进一步可得砂质黏土与粉质黏土矿物成分以黏土矿物为主,砂土矿物成分以石英、长石为主。

3.通过一系列室内土工试验,取得砂质黏土和粉质黏土的含水率、比重、湿密度、干密度、孔隙比、塑性指数、液性指数等基本物理性质指标和颗粒级配曲线。

第四节　冲洪积土渗透试验

一、土体渗透试验原理

土体渗透试验基于达西定律,通过控制压力差,测量渗透流量,从而评估土体的渗透性能。在此过程中,采用专业的渗透仪器或试坑法进行室内或野外测定,确保数据的准确性和可靠性。

在室内试验中,通常利用常水头试验法或变水头试验法,通过精确测量渗透流量和压力差,计算出土体的渗透系数。而在野外测定试验中,则主要采用试坑渗水试验,包括试坑法、单环法和双环法等,通过测量单位时间内从坑底渗入的水量,同样可以计算出渗透系数。

(一)常水头渗透试验

常水头渗透试验是一种确定土壤渗透系数的标准方法。该方法基于达西定律,即在固定水头条件下,通过测量渗流量和水头高度差,可以计算出渗流速度和水力梯度,进而求得土壤的渗透系数,表达式如式(3－1)所示:

$$k = \frac{QL}{A\Delta Ht} \qquad (3-1)$$

式中:

L 为渗流长度(cm);A 为试料桶横截面积(cm^2);ΔH 为试验时测压管水头差(cm);Q 为单位时间段内溢流孔渗水量(cm^3/s);t 为单位时间(s)。

常水头渗透试验主要适用于无黏性土壤的渗透系数测定,尤其是渗透系数较大的粗粒土壤。

(二)变水头渗透试验

变水头渗透试验是一种确定土壤渗透系数的标准方法。该方法基于达西定律,通过测量不同水头下的渗透速率来计算土层的渗透系数,表达式如式(3－2)所示:

$$k = \frac{aL}{A\Delta t}\ln \Delta H \qquad (3-2)$$

式中:

a 为变水头管的断面积(cm^2);L 为渗径,即试样高度(cm);Δt 为试验时间(s);ΔH 为试验时测压管水头差(cm);A 为试样的过水面积(cm^2)。

变水头渗透试验主要适用于细粒土或其他透水性较小的细粒土,采用高水头的情况下进行渗透。通过该方法,可以获得土壤在特定条件下的渗透性能,为工程设计和施工提供重要依据。

二、试验设备

试验采用的仪器为南京土壤仪器厂有限公司生产的 TST-55 型渗透仪,仪器主要由盖子、透水石、调节螺丝、环刀、底座、测压管、供水瓶等组成,如图 3-12、图 3-13 所示。试样尺寸:ϕ 61.8 毫米,高 40 毫米。

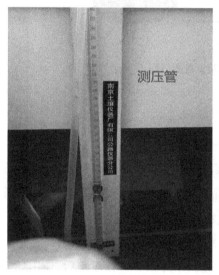

图 3-12　试验设备图

三、渗透试验方案

为分析抚河尾闾塔城枢纽工程坝基冲洪积土渗透特性,以砂质黏土和粉质黏土为研究对象,分别对砂质黏土和粉质黏土进行渗透试验,记录土层中水在不同水头下的渗透速率来测量土层的渗透性能,以获得其渗透特性。

本次试验共制备 12 个扰动试样,其中砂质黏土试样 6 个、粉质黏土试样 6 个,分别记录试验时间后试样水头变化,代入变水头渗透试验表达式,计算其渗透系数,分析渗透特性。

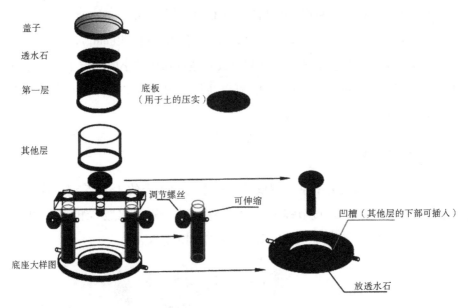

盖子

透水石

第一层

底板
（用于土的压实）

其他层

调节螺丝

可伸缩

凹槽（其他层的下部可插入）

底座大样图

放透水石

图 3 - 13　试验设备图(续)

四、试验步骤

(一)重塑试样制备

制备重塑土的方法有静压法和击实法,我们这里采用击实法。具体制样过程如下:将风干土样碾碎,过 2 毫米的筛,测定其风干含水率,随后采用喷雾法将纯净水加入对应的试验用土中,将含水率调配至最优含水率。配水结束后,将土料密封在密封袋中 48 小时以上。然后进行击实试验,用电子秤称量试验所需要对应质量的土样,倒入制样器中,放入千斤顶上进行压实后,使用环刀对制作好的重塑土进行取样。

(二)试样饱和

在完成试样的装配工作之后,对试样的实际厚度进行精确地测量。随后,采用热水饱和法对试样进行饱和处理。在此过程中,需在供水箱中注入适量的热水,使水位高于试样的底面,以确保试样饱和的均匀性和有效性。之后,以每次 1 厘米的幅度,平稳而缓慢地提升水箱,直至水箱的水位与试样内部的水位达到一致。此时,需暂停提升操作,并保持该状态 10 分钟,以使试样充分吸收水分并达到饱和状态。

随后,继续提升水箱,并打开供水箱,使水从仪器底部逐步向上渗透,确保试样得到均匀且充分的饱和。在此过程中,应密切关注试样的状态,确保试样内的空气被完全排出,以保证试验的准确性和可靠性。同时,随着水位的上升,应同步接通相应的测压管,以便实时监测和记录水压的变化情况。

若试验采用自来水作为水源,需提前至少一天进行曝气处理,以消除水中的气体,减少试验过程中气泡的产生。此外,为确保试验的准确性和可靠性,还应采取其他有效措施,如确保试验用水的温度适宜,或采用其他排气方法,以进一步降低气泡对试验结果的影响。

(三)渗透试验

变水头渗透试验操作步骤如下:

(1)将装有土壤样品的环刀放入 TST-55 型渗透仪的套筒内,并安装好止水垫圈。随后,将上下盖配备透水石和垫圈安装好,并使用螺丝固定,以确保系统的气密性和水密性。

(2)对土壤样品进行饱和操作。

(3)将变水头管充满水至所需高度,关闭止水夹,启动秒表,并记录开始时的水头高度 h_1。经过一定时间 t 后,再次记录结束时的水头高度 h_2,并同时记录试验开始和结束时的水温。这一步骤需重复进行三次。

(4)打开供水瓶的进水装置,使测压管的水头恢复到预定高度,然后再次进行试验。

在试验过程中,需注意以下几点:

(1)试验过程中应及时排除管路中的气泡,以保证试验的准确性。

(2)为确保能够准确控制 $v-i$ 曲线,测点的分布应均匀,且水头差的控制也应均匀。

(3)在使用渗透环刀切取渗透试样时,应尽量避免对土壤样品结构的扰动,严禁使用削土刀反复涂抹试样表面。

(4)在测定黏性土的渗透系数时,应防止水从环刀和土壤样品之间的缝隙中流过,以免产生水流短路现象。

(5)每次测得的水头 h_1 和 h_2 的差值应大于 10 厘米,以保证试验的有效性。

(6)若发现水流过快或出水口出现浑浊现象,应立即检查是否存在漏水或试样中是否出现集中渗流。如有此类情况,应重新制备土壤样品并重新进行试验。

(7)渗透试验必须使用无气水作为试验介质,以防止试验过程中气泡在土壤样品中聚集,从而影响渗透系数的测量结果。

(8)由于渗透力的作用,土壤样品的干密度可能会发生变化,进而影响渗透系数的测量结果。因此,渗透试验的时间不宜过长,且水头差也不宜过大。

五、试验结果分析

(一)渗透试验结果

通过对样品进行多次渗透试验获得试验数据,并代入公式计算得到渗透系数,对所得渗透系数进行数据处理得到平均值和平均渗透系数。本次试验结果如表3-2所示。

表3-2　渗透试验结果

土壤类型	渗透系数(cm/s)					
	第一次	第二次	第三次	第四次	第五次	第六次
砂质黏土	1.53×10^{-4}	1.12×10^{-4}	1.49×10^{-4}	1.38×10^{-4}	1.21×10^{-4}	0.95×10^{-4}
粉质黏土	3.25×10^{-6}	4.11×10^{-6}	4.32×10^{-6}	3.87×10^{-6}	3.65×10^{-6}	4.20×10^{-6}

土壤类型	平均渗透系数(cm/s)	渗透参数建议值(cm/s)	渗透性
砂质黏土	1.28×10^{-4}	1.0×10^{-5}	微透水性
粉质黏土	3.90×10^{-6}	9.0×10^{-6}	微透水性

由上表可知,砂质黏土与粉质黏土的渗透系数均在渗透系数建议值之内,且渗透性均为微透水性。

(二)渗透系数经验公式的验证

经过长期的科研积累和实践验证,岩土工程、水利工程学等领域已经形成了一系列用于精确计算土体渗透系数的经验公式,具体内容如表3-3所示。这些公式不仅简化了渗透系数的测试过程,提高了工作效率,而且通过科学分析,揭示了影响土体渗透特性的关键因素,为相关领域的理论研究和工程实践提供了重要的参考依据。

表 3 - 3　土体渗透系数的常用经验公式

经验公式	表达式	参数说明
太沙基公式	$k = 2e^2 d_{10}^2$	d_{10} 为土颗粒的有效粒径；e 为孔隙比
水科院经验公式	$k_{10} = 234 d_{20}^2 \dfrac{e^3}{(1+e)^3}$	d_{20} 为颗粒级配曲线小于某粒径含量为 20% 的粒径；k_{10} 为水温为 10 ℃时土体渗透系数
达西经验公式	$k = \dfrac{\beta \gamma_{wz}}{\lambda \eta} \dfrac{e^2}{1+e} d^2$	d 为颗粒粒径；β 为颗粒球体系数，圆球时取 $\pi/6$；γ_{wz} 为水重度；λ 为邻近颗粒的影响系数，对于无限水体中的圆球取 3π
kozeny-carman 公式	$k = \dfrac{C_2 \rho_{wz} e^3}{S \eta (1+e)}$	C_2 为与颗粒形状及水的实际流动方向有关的系数，约为 0.125；ρ_{wz} 为自由水密度；S 为颗粒的质量表面积，$S = 1.48 W_L - 14$，W_L 为土体液限；η 为自由水的动力黏滞系数
修正 kozeny-carman 公式	$k = \dfrac{C_2 \rho_{wz} e_u^3}{S^2 \eta (1+e_u)}$	e_u 为土体的有效孔隙比，e_0 为无效孔隙比；$$e_u = e - e_0 = e - a_0 \dfrac{\rho_s}{\rho_{aw}} w_l$$ a_0 细粒土中结合水质量占液限含水量的比例系数，$0 < a_0 < 1$，对某特定的细粒土，a_0 为近似常数，本文取 0.8；ρ_{aw} 结合水密度，取 1.2 g/cm^3；ρ_s 土颗粒的密度

　　然而，表 3 - 3 中列出的这些经验公式是否适用于抚河尾闾塔城枢纽工程坝基冲洪积土还未可知，需要通过室内渗透试验比较渗透系数试验结果与上述渗透系数的经验公式计算值，进而检验上述经验公式的适用性。结果如表 3 - 4 所示。

表 3 - 4　经验公式计算结果与渗透系数试验结果的对比

土壤类型	试验结果	太沙基公式	水科院经验公式	kozeny-carman 公式	修正 kozeny-carman 公式
砂质黏土	1.28×10^{-4}	1.21×10^{-5}	1.02×10^{-3}	7.43×10^{-3}	1.06×10^{-4}
粉质黏土	3.90×10^{-6}	1.54×10^{-6}	1.84×10^{-4}	2.59×10^{-3}	2.83×10^{-6}

　　由表 3 - 3 可知，与抚河尾闾塔城枢纽工程坝基冲洪积土渗透系数的试验结果相比，水科院经验公式与 kozeny-carman 公式的计算结果比试验结果偏大

1—3 个数量级,太沙基公式的计算结果比试验结果偏小 1 个数量级,预测误差较大;而采用修正后的 kozeny-carman 公式的计算结果与试验结果误差相对较小,大体在同 1 数量级上。此外,修正后的 kozeny-carman 公式比修正前的公式计算结果更接近实际结果。因此,修正后的 kozeny-carman 公式可运用于预测抚河尾闾塔城枢纽工程坝基冲洪积土的渗透系数。

第五节　本章小结

一、结论

本章在前人研究分析的基础上,主要以抚河尾闾塔城枢纽工程场地的冲洪积土为研究对象,通过对样品进行相关常规室内土工试验,对样品的基本特征进行分析;进而利用 GeoStudio 工程仿真分析软件建立模型,进一步对样品的渗透特性进行研究,主要得到以下结论:

(1)通过多次分别对砂质黏土与粉质黏土进行变水头渗透试验获得试验数据,并代入公式计算得到渗透系数,进一步分析得出砂质黏土与粉质黏土的渗透系数均在渗透系数建议值之内,且渗透性均为微透水性。

(2)通过室内渗透试验比较渗透系数试验结果与上述渗透系数的经验公式计算值,进而检验上述经验公式的适用性。得到水科院经验公式与 kozeny-car-man 公式的计算结果比试验结果偏大 1—3 个数量级,太沙基公式的计算结果比试验结果偏小 1 个数量级,预测误差较大;而采用修正后的 kozeny-carman 公式的计算结果与试验结果误差相对较小,大体在同 1 数量级上。此外,修正后的 kozeny-carman 公式比修正前的公式计算结果更接近实际结果。因此,修正后的 kozeny-carman 公式可运用于预测抚河尾闾塔城枢纽工程坝基冲洪积土的渗透系数。

(3)通过 GeoStudio 工程仿真分析软件 SEEP/W 模块对水闸模型进行构建并进行渗流计算模拟,得出出口段平均渗透坡降和水平段平均渗透坡降分别为 0.258 与 0.044,并与允许渗流坡降值进行对比,得出出口段平均渗透坡降和水平段平均渗透坡降均满足规范要求。

(4)通过对数值模拟得出的闸基渗流水压与闸基渗流压力水头进行分析,

得出闸基上游孔隙水压力明显大于下游,并且随着防渗墙深度的不断增加,闸基孔隙水压力也不断增大,可能引起闸室底部浮托力的上升,从而对水闸的安全稳定产生影响,应采取相应的工程措施。

二、展望

由于拦水坝基土层的渗透性试验研究课题本身的复杂性,限于本人的科研水平、时间仓促、试验条件等因素,本章对冲积平原土层的渗透性相关研究未做到系统、全面的认识,所取得的成果是有限的,仍然有许多方面需要进一步研究和完善:

(1)我们仅对抚河尾闾塔城枢纽工程场地的冲洪积土进行了渗透特性研究,为了更全面地研究坝基冲洪积土渗透特性,下一步可以采取抚河尾闾塔城枢纽工程以外地区的试样进行试验研究分析,从而更加深入全面地认识不同位置和不同地区的坝基冲洪积土渗透特性。

(2)在进行抚河尾闾塔城枢纽工程坝基冲洪积土渗透特性研究时,未对所得样品的孔裂隙微观结构特征进行分析,今后可考虑采用 SEM 扫描电镜法对样品做更加深入的研究。

(3)由于坝基冲洪积土取样的困难,故仅进行了坝基冲洪积土扰动样本的渗透特性研究,今后应改进取样方法,进一步研究坝基冲洪积土原状样本的渗透特性。

第四章 赣江尾闾主支蓄水区冲积土的渗透性试验

第一节 绪论

一、研究背景及意义

（一）研究背景

在鄱阳湖流域，我们将按照"节约优先、空间均衡、系统管理、双手发挥作用"的新时代中央政策，结合当前的洪涝灾害状况，重点关注鄱阳湖的水质、水位和湖光山色，采取综合措施，加强鄱阳湖的管理，保障鄱阳湖的可持续发展。我们将沿赣江、沿抚河、沿清丰山溪、沿赣抚平原渠系4条纵线，沿赣抚航道、城南护城河、焦头河3条横线，沿象湖、青山湖、艾溪湖、瑶湖、青岚湖等主要湖泊节点，采取综合措施，努力解决枯水期水资源的利用问题，防止河道断流，提高鄱阳湖的水生态和水环境的承载能力，努力打造"四纵三横"骨干水系框架。这一工程的河间地带具备丰富的冲积土壤，它们的渗漏特性会对整个项目的施工过程产生重大影响。

本章研究赣江尾闾综合整治工程蓄水区地下水总体排泄口之三——主支枢纽下游。此处河床由透水性较强的砂类土和少量黏性土组成，构成蓄水区地下水重要的排泄口，图4-1为赣江尾闾综合整治工程主支枢纽下游施工现场图。

冲积土是一种特殊的土壤类型，它源自河流的冲刷作用，并在河床的平坦区域形成。冲积土的特征是具有明显的层状结构。由于冲刷作用的影响，冲积土中的碎屑颗粒会变得更加圆滑。当河流的水流速度从上游降低时，冲积土会出现明显的分离现象。在上游，沉积物通常是圆形的粗颗粒，而在中下游，沉积物则是由砂粒逐渐转变成细颗粒和黏粒。

当河床发生急剧上涨时，河床周围的土壤会被冲刷掉。这些被冲刷掉的土壤会被运到河岸边，并在那里堆积起来。当这些土壤变得更厚，它们就会变得

图 4 - 1　赣江尾闾综合整治工程主支枢纽下游施工现场图

更稳固,并且能够抵抗更多的冲击。通常来说,这种土壤比较适合做建造房屋的地基,特别是那些靠近河岸的土壤,它们的颗粒更细,更容易被淹没在河底,并且能够更轻松地被挖掘。距离山脉更近的地方,由于其岩石的结构更加紧密、粒径更小、层次更加丰富,往往具有更优越的自然条件。但是,砂砾和黏土的渗漏率存在明显的差异,往往会导致河流、湖泊和池塘的涌动,从而影响到当地的生态环境。因此,这类地方的建设需要格外谨慎,以防发生灾害。

在河流中,冲淤积物通常出现在河岸和沙地表面,它们由灰色、浅灰色亚黏土、黏土和棕灰色的细沙、碎屑和卵石组成。这些土壤的厚度各异。亚黏土的自然含水率 w 在 21.7%—26.50% 之间,其天然孔隙比 e 在 0.62—0.84 之间,其塑性指数 I_p 在 8.4—14.6 之间,其液性指数 I_L 在 0.46—0.87 之间,具有可塑性,其凝聚能力 C 在 10—200 kPa 之间,其内摩擦角 φ 在 7.0—10.3 度之间,压缩系数 a 在 0.31—0.47 之间,属于较高的压缩性。黏土天然含水量 w 在 28.8%—34.30% 之间,其自身孔隙比 e 在 0.838—0.978 之间,其塑性指数 I_p 在 20.0—21.3 之间,其液性指数 I_L 在 0.54—0.77 之间,是一种软塑性材料,凝聚力 C 在 22.6—54.7 kPa 之间,其内部摩擦角 φ 在 10.0—10.3 度之间,而其压缩系数 a 在 0.24—0.605 之间。冲洪积层的主要工程地质问题是湿陷变形、压缩沉降变形、蠕滑变形。

(二)研究意义

本试验以赣江尾闾拦水坝基冲积土的渗透性为研究目标,在掌握当地地质资料基本特征的基础之上,运用原位测试试验和室内土工试验等方法进一步获得坝基冲积土的工程地质特点,研究该工程区地质特点和水文特点,分析冲积土的渗透特性。

通过深入研究冲积土的渗透特性,可以为水利工程的设计、施工和维护提供重要的参考数据,有助于预防和减少因渗透引起的安全隐患,确保工程的长期稳定运行。冲积土的渗透性对地下水补给和地表水维持具有重要作用,研究其渗透特性有助于评估和改善生态环境,促进生态保护和修复工作。

通过对冲积土的渗透特性进行试验研究,分析其渗透特性,有助于消除渗漏、管涌等隐患,保障综合整治工程的安全。此次研究不仅具有重要的理论价值,而且对实际工程应用具有显著的指导意义,能够为类似工程提供科学依据和技术支持。

通过实验手段验证冲积土渗透性的相关理论假设,可以检验理论模型的准确性和适用性,为理论的进一步发展提供实验支持。

二、国内研究现状

在渗透理论方面,达西定律作为最经典的理论,虽然源自均匀砂土的渗透试验,但存在局限性,尤其是在黏性土的渗透特性研究上,研究者们主要集中于两个方向:一方面,张雪东等建立了考虑孔隙结构影响的饱和土渗透系数计算模型,吕卫清等考虑了前期固结压力对正常固结土压缩过程中渗透系数的影响,而党发宁等提出了有效孔隙比的概念,用以建立黏性土渗透系数的经验公式;另一方面,研究者重于探讨影响黏性土渗透特性的多种因素,如庄心善、杨忠翰等通过变水头渗透试验研究了不同干密度、孔隙比重塑样的渗透系数变化规律,梁健伟等通过改变渗流孔液离子浓度和水力梯度来研究土体渗透系数变化规律,桂跃则利用改进的渗透 – 固结试验装置研究了泥炭土的渗透特性。

渗透系数是表征多孔介质渗透性能的主要参数。研究表明,多孔介质的渗透性能由孔隙率、迂曲度、孔隙半径以及流体性质等多种因素共同决定。余延芳等采用谢尔宾斯基地毯分形技术建立了多孔介质内流动和传热模型,通过改变固体基质位置,使用有限体积法模拟,研究了模型中孔隙结构分布发生变化时流体固体接触面变化对流体在多孔介质内稳定流动的传输和传热特性的影响,分析了温度和黏度梯度对局部熵产率的影响。邓彩华等人基于计算流体动力学软件 Fluent 建立了一个二维 DNS 模型,采用直排和竖排两种方式排列圆形粒子,研究了多孔介质中的流动阻力和压降,探索了尔格方程中经验常数的选取。马坤采用微观模型与宏观模型相结合的方法,建立了多孔介质的一种二维简化结构模型,在此基础上,借助两种宏观模型——N-K 模型和 P-d L 模型,同时利用体积平均方法将微观流场计算结果转换为宏观流场的信息,以确定宏观湍流模型中经验系数 G 的值以及宏观湍流模型中 k 和 ε 的初始值。

三、国外研究现状

Roger 根据现场观测数据研究了砂石和砂岩合水层的渗透系数与渗透率的关系。Hunt 应用连续逾渗理论建立了非饱和土渗透系数的分形模型本构关系,基于 Rieu 和 Sposito 的分形模型和临界路径分析方法推导出非饱和土渗透系数的分形表达式,建立了非饱和土溶质扩散的水分含量的阈值表达式,并将所建立的模型与实验数据进行了对比分析。Sousa 同时报告了实验室中土壤水力特性(保水曲线和饱和水力传导率)的测量结果,以及使用二维通道进行的入渗实验。He J 开发了一种具有坚实理论基础的方法,利用渗透率实验数据来确定岩石可压缩性。S. Di Prima 认为 Beerkan 方法配合 BEST 算法是一种可替代传统实验室或现场测量的技术,可用于快速且低成本地估算土壤的水力特性。Chai 通过一系列实验室渗透试验,评价了聚硅酸加固田螺山遗址土的潜在应用效果。Wang H 利用降雨模拟器对三种多孔断裂层状结构进行了入渗实验。Manil Kim 通过垂直渗透试验和采用频域反射测量系统的介电测量试验,对废土填埋场衬里土壤–膨润土混合物的物理性质进行了实验室研究。

四、研究内容及技术路线

(一)研究内容

为了研究坝基冲积土的渗透特性,消除渗漏、管涌等隐患,保障综合整治工程的安全,需要对冲积土的渗透特性进行试验研究,分析其渗透特性。

1. 分析综合整治工程的工程地质条件

本部分将对赣江尾闾拦水坝地区的工程地质条件进行全面分析,包括地形地貌、地层岩性、地质构造以及水文地质条件。通过野外调查和室内分析,查明冲积土的空间分布特征,以及其物质组成和结构特性。此外,我们还将评估该区域的地下水条件,为后续的渗透试验和数值模拟提供基础数据。

2.研究综合整治工程冲积土的矿物地质成因

深入探讨冲积土的矿物组成和地质成因,通过采集不同地点的冲积土样本,运用元素分析法等现代分析技术,确定其矿物组成。研究将着重分析矿物成分对冲积土渗透性的影响,以及不同成因下冲积土的工程地质特性。

3.开展冲积土取样,进行渗透试验及数值分析

本部分内容涉及实际的冲积土取样工作,包括野外取样方法的选择、样本的保存与处理。随后,我们将利用TST-55型土壤渗透仪对土样进行系统的渗透试验,测定不同条件下的渗透系数,基于试验数据,进一步采用数值分析方法,模拟冲积土的渗透行为,以期揭示其渗透机制。

(二)技术路线

赣江尾闾主支蓄水区冲积土的渗透性试验技术路线图如图4-2所示。

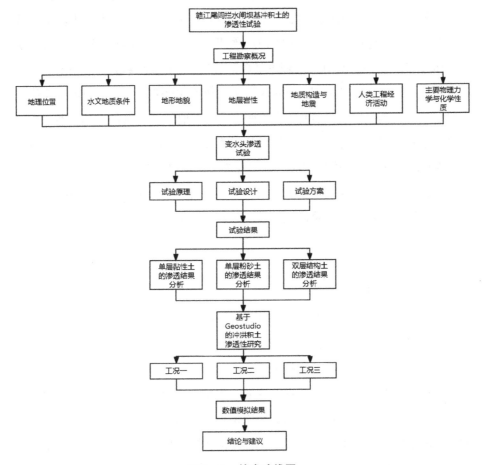

图4-2 技术路线图

第二节 赣江尾闾工程地质概况

一、地理位置

赣江尾闾拦水闸坝位于中国江西省境内,属于赣江下游地区,靠近鄱阳湖的入口处,西连西山山脉,北至鄱阳湖,南与丰城市、高安市接壤。整治工程主支枢纽下游位于江西省南昌市新建区聂家舍旁,坐标为北纬28°57′36″,东经116°2′24″,位于南昌市中心城区西北,距南昌市区30千米。

二、水文地质条件

赣江下游尾闾区,东北濒临鄱阳湖,西北为梅岭山地。地势总体西北高、东南低,依次发育低山丘陵、岗地、平原,以北东向呈现层状地貌特征。以赣江为界,赣江以西为构造剥蚀低山丘陵、岗地地带,呈北东向展布,受多期地质构造运动及后期流水侵蚀改造的影响,地势起伏,沟谷纵横;赣江以东为河流侵蚀堆积平原,即赣江尾闾冲积平原,地势平坦。

工程区域地表水系发育,河、沟、塘、坑密布,区内第四系及第三系地层分布广泛,地下水主要为孔隙性潜水和基岩裂隙水两种类型。基岩裂隙水主要赋存径流及岩体的透水性受断裂构造、节理裂隙发育程度及充填状况、岩体风化程度和地下水补给条件所控制,主要沿断层破碎带、风化强烈的节理裂隙密集带中形成富水带,受大气降水补给,排泄于盆地及河床。孔隙性潜水主要赋存于第四系覆盖层,上部以黏土、壤土、砂质黏土为主,透水性微弱,构成相对隔水顶板;下部分布有砂类土及圆砾等,含(透)水性好,为主要含(透)水层,水量较丰富,主要受大气降水及地表水补给,排泄于赣江,汛期则受赣江水侧向补给,具承压性质,下伏基岩为隔水底板。

三、地形地貌

区域内以赣江尾闾冲积平原地貌为主,由Ⅱ级阶地、Ⅰ级阶地、漫滩构成。

Ⅱ级阶地主要分布于赣江南支右岸的尤口等地,多由中更新统(Q₃)网纹红土和砾石层组成,地势平坦,阶面标高20—25米,阶地前缘陡坎不明显,与Ⅰ级阶地呈内叠式接触。由于河水的冲蚀切割,部分呈"孤岛"状分布。Ⅰ级阶地主要位于赣江两岸,由全新统下段冲积层组成,由棕黄色壤土、黏土和砂砾石层组成,多呈上叠式向湖区倾斜,至滨湖地带成为埋藏阶地,地势平坦,地面标高14—18米。漫滩主要为边滩,局部为心滩,由全新统上段冲积层组成,沿河两岸分布,标高12—16米,洪水期被淹没。

赣江下游尾闾河谷平缓开阔,河道与支汊纵横交错,辫状水系发育,形成了复杂的水网,河道经历代整治建立起较为完善的防洪体系。河道蜿蜒曲折,左、右岸滩地分布不对称,部分河槽主流左右摆荡,河道宽窄变幅较大,主、北、中、南四支平均河宽为680—780米,最宽处则达1200—1800米,最窄处290—380米。工程区赣江各支沿江岸坡尤其是凹岸迎流顶冲段存在小规模的崩岸,近年主支、中支、南支河道采砂致河道岸坡较陡,部分河段采砂出现－8米高程的深坑,最深达－11米高程,岸坡陡,其他不良物理地质现象不甚发育。

图4-3 闸址现场图

闸址(如图4-3)位于赣江主支下游联圩镇,濒临鄱阳湖西南岸,处赣江Ⅰ级阶地前缘,主要为河流冲积平原地貌,地势平坦,总体西北高、南东低,区内阶地为内叠式阶地。闸址处赣江主支蜿蜒曲折,在平面上呈S形,大致由北东经上、下闸线,后折由北东东向北东流,上、下闸轴线平行布置,走向均为NW55.4°,上闸坝轴线长约1347.6米,下闸线位于上闸线下游约560米处,下闸线长约 1281 米。闸址左岸为赣西联圩,右岸为廿四联圩,左岸赣西联圩在下闸线下游,右岸廿四联圩在上闸线上游,均为顺河而筑。闸址区上闸线下游右岸为阶地及滩地,宽一般 390—900 米,下闸线上游左岸为阶地及滩地,宽一般 340—460 米,下闸线下游左岸为迎流顶冲河段。

四、地层岩性

闸址区揭露地层岩性主要为第四系全新统冲积层(Q_4^{al})、上更新统冲积层(Q_3^{al})及第三系(E)泥质粉砂岩,两岸堤防为人工堆积层(Q^{ml})。现按其岩性、工程特性及埋藏条件自上而下进行分述。

(一)人工堆积层(Q^{ml})

人工堆积层(Q^{ml})主要为堤身填筑土,分布于左右岸圩堤及下闸线滩地水产养殖塘周边堤埂。左岸堤身填土成分以粉质黏土为主,局部为壤土、砂壤土、粉细砂,呈黄褐色,填筑质量一般,粉质黏土具弱透水性。堤外采用砼六面体护坡、草皮护坡,堤内草皮护坡。右岸堤身填土成分以壤土为主,局部为粉质黏土、砂性土,填筑质量一般,壤土具弱透水性。堤外上部采用草皮护坡,中部多为现浇混凝土块护坡,下部为块石护坡,堤内草皮护坡。

(二)第四系全新统冲积层(Q_4^{al})

全新统冲积层(Q_4^{al})在河床、滩地和Ⅰ级阶地中普遍存在,其上部由粉状黏土、淤泥状黏土和壤土组成,而下部则由砂状黏土和圆砾组成,呈现出明显的二元结构。

砂质黏土颜色为灰、棕、黑,饱和,软塑状,具有良好的黏结力,其粒度小而均匀,主要出现在河道、湖泊的水面,黏土中有 0.4—3.7 米的淤泥颗粒,以及 1.8—3.1 米的黏土颗粒,属高黏土。

五、地质构造与地震

自晚中生代以来,江西省经历了燕山期强烈的陆内活化造山和造山后与喜马拉雅裂谷期的强烈伸展。古近纪末结束了断陷成盆活动,至新近纪进入新构造活动时期,地壳活动趋于缓慢。

江西省处于弱隆起活动构造区,长期形成的密集断裂网络虽然大都处于休眠状态,但部分断裂或断裂带至今仍有活动,在形成丰富地热资源的同时,影响了地壳的稳定性,尤其是赣南、赣西北,有多条引发破坏性地震的断裂带。

(一)场地类别划分

拟建工程推荐闸址建基面之下覆盖层岩性情况如下:主支为砾砂、圆砾,厚22.81—29.76米;北支为中砂、粗砂、圆砾,厚16.49—17.44米;中支为细砂、粗砂、砾砂、圆砾,厚19.78—21.14米;南支为细砂、黏土、圆砾,厚32.92—33.50米。根据钻孔所做的剪切波测试成果,场地类型为中软场土—中硬场土。根据《水工建筑物抗震设计标准》(GB 51247—2018)第4.1.3条的规定,判定拟建工程场地类别为Ⅱ类。

(二)砂土液化及软弱黏土

据水工专业确定的本工程抗震设防烈度为6度,根据相关规范,6度时饱和砂土的液化判别一般情况下可不进行判别。

场地中分布的砂质黏土,呈流塑或软塑状态,液性指数大于0.75,具有中灵敏度、高流变性、高触变性、高压缩性和低透水性,根据《水工建筑物抗震设计标准》(GB 51247—2018)第4.2.8条,砂质黏土属于软弱黏土层,作为受力层时应采取抗震措施。

六、人类工程经济活动

新建区辖区面积2121.1平方千米,辖15个乡镇及街道、1个经济开发区。

新建区地处省会南昌城区西进的主要拓展区域,新建区人民政府所在地长垓街道与南昌市主城区隔江相望,随着南昌市"一江两岸"发展格局的推进和南昌市红谷滩区的建设,新建区已成为南昌市的新城区。

2022年,新建区实现地区生产总值407.74亿元,按可比价格计算,比2021年增长3.3%。其中,第一产业增加值48.47亿元,增长3.3%;第二产业增加值186.05亿元,增长3.8%;第三产业增加值173.22亿元,增长2.6%。

2022年末,新建区实际管辖区域户籍总人口为55.53万人。其中,城镇人口19.6万人,乡村人口35.93万人。据区卫生健康委数据,新建区人口出生率为7.38‰,死亡率为1.4‰,自然增长率为5.98‰。

新建区境内有4条铁路(京九铁路、向莆铁路、昌九城际铁路、杭南长铁路),5条高速(昌铜高速、昌樟高速、沪昆高速、福银高速、昌栗高速),5条国道(105国道、316国道、320国道),1个国际航空港(南昌昌北国际机场),1条黄金水道(赣江水道),形成了航空、铁路、公路、水运相互衔接、"四位一体"的立体交通网络。

2022年,新建区完成公路货物运输周转量40.55×10^8 t/km;完成水运货物运输周转量1.26×10^8 t/km。

七、主要物理力学与化学性质

(一)主要物理力学性质

本区域采集的岩土主要物理力学性质情况如表4-1所示。

表4-1　物理力学参数

岩土类别	自然状态					压缩性		抗剪强度	
	含水率	湿密度	干密度	孔隙比	比重	压缩系数	压缩模量	凝聚力	内摩擦角
	W	ρ	ρ_d	e	Gs	a_{1-2}	Es	C	φ
	(%)	(g/cm³)	(g/cm³)			(MPa⁻¹)	(MPa)	(kPa)	(°)
黏土	24.6	1.91	1.53	0.758	2.69	0.31	5.671	13	16
粉砂土	25.2	1.91	1.53	0.765	2.7	0.254	6.949	11	17

(二)主要化学性质

黏土:灰色、灰黑色,饱和,软塑状,呈流塑或软塑状,黏性较强,夹多薄层(淤泥)粉细砂。由图4-4可知黏土的元素含量,样品主要由O、Al、Si、K、Fe等元素组成,其中O占比51.7%,Si次之,占27.3%,Al占12.8%,可推测黏土的主要成分为石英、白云母、钾长石、普通辉石等铝硅酸盐类矿物。

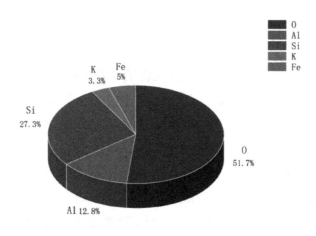

图4-4　黏土元素占比

粉砂土:黄色、灰黄色,湿或饱和,松散状,以粉细粒为主,主要成分为白云母、钾长石、普通辉石等铝硅酸盐类矿物。由图4-5可知砂土的元素含量,样品主要由O、Al、Si、K、Fe等元素组成,其中O占比69.3%,Si次之,占23.3%。相较于黏土O占比更高,其他元素含量皆稍低,可推测砂土的主要成分为石英、长石、辉石等铝硅酸盐类矿物。

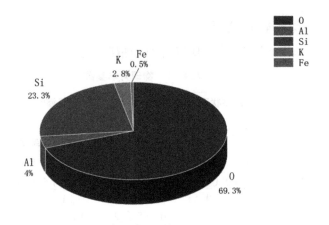

图4-5　砂土元素占比

第三节　赣江尾闾拦水闸坝冲积土变水头渗透试验

一、试验原理

变水头渗透试验是用来确定土层渗透性的一种常见方法。渗透性是土层重要的物理指标之一,它决定了地下水在土层中的流动能力和渗透性能。变水头渗透试验是通过模拟土层中水在不同水头下的渗透速率来测量土层的渗透性能。

变水头渗透试验是基于多级渗透流理论,通过确定单位面积上的渗透流量和预设的水头差来计算土层的渗透系数。试验中,通过在土样侧面施加水压来控制土样内的水头,使得水在土样中产生渗透流动,通过测量水头下降时的渗透速率来计算土层的渗透系数。

本实验采用 TST-55 型土壤渗透仪,基于负压法和重量法,通过测定土壤在一定时间内流出的水量及振动次数,计算出土层的渗透系数。对于细粒土来说,变水头渗透试验是非常有效的。这种土壤具有很少的孔隙,并且存在黏滞水膜,所以如果它的渗透压力太小,就无法克服黏滞水膜的阻碍。为了使它形成渗流,我们需要在这种情况下进行试验。

二、试验目的

评估冲积土层的渗透性能,通过测定渗透系数,了解冲积土层对水流的透过能力,这对于评估和预测工程区域的水文地质条件和渗透变形风险至关重要。

分析渗透性与土体参数的关系,探究冲积土的渗透性与其物理力学性质(如孔隙比、干密度等)和化学性质(如黏土矿物组成等)之间的关联,以便更好地理解渗透性的影响因素。

三、试验方案

(一)本次试验的主要流程

1. 收集国内外冲积土的渗透特性试验情况、分析方法及最新进展。

2. 开展整治工程现场调查,分析其地貌、地层岩性、地质构造、水文地质条件、地下水等工程地质条件,通过野外调查、室内试验等,查明其工程地质条件,分析其形态,分析冲积土形成特征、物质组成、结构特征以及水文地质特征。

3. 对工程勘察数据进行分析和处理,分析整治工程冲积土的空间分布特征,开展野外取样。

4. 现场试取样,进入施工现场进行实地取样,总共取到两种扰动试样——黏土和粉砂土。

5. 将试样外送检测,得到试样的化学组成和矿物成分。

6. 结合勘测成果,利用渗透试验系统对不同土层结构进行变水头渗透试验。我们设置了三种岩性的工况——单层黏性土、单层砂土、上层砂土下层黏性土结构的异性砂土,如表 4-2 所示。分析其渗透参数,并基于试验数据对冲积土的渗透性进行计算分析。

表4-2　试验工况表

序号	岩性	水头差 （cm）	厚度 （cm）
1	黏土	200	4
2	砂土	250	4
3	异性砂土	190	4

7.根据计算结果分析冲积土的渗透特征，开展基于Geostudio的冲积土渗透性研究，通过对拦水闸坝基建模，利用变水头试验得到的三种工况数值，设置不同分层土层，按洪水位和正常蓄水位两种水位进行模拟。三种工况如图4-6所示。

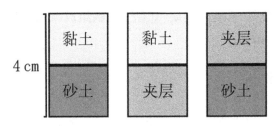

图4-6　变水头试验的三种工况

（二）具体试验检测步骤

1.试验装置

本次使用TST-55型土壤渗透仪（图4-7）进行土壤渗透试验。TST-55型土壤渗透仪是一种用于测量土壤渗透性及水分含量的设备，主要用于土质改良工程、水泥混凝土工程以及水库、堤坝等水利工程的建设中。这种便携式的土壤测量仪器，具有操作简单、自动化程度极高的特点，已经被广泛应用于各种工程建设项目中，发挥着重要的作用。

该设备采用负压法和重量法相结合的方法，通过测定土壤在一定时间内流出的水量及振动次数，计算出渗透系数，以此来判断土壤的渗透能力。同时，通过测定土壤膨胀压力以及渗透系数等参数，计算出土壤的含水量。

该仪器与WS-55渗透仪的基础原理和功能都是一样的，但是它采取的是中间螺旋杆旋压的新模式，从而大大提高了操作和使用的效率。此外，这款仪器还配有一个独立的水源装置，可以满足实际应用的需求。

图 4 – 7　TST-55 型土壤渗透仪示意图

试样尺寸:φ 61. 8 毫米,高 40 毫米。

仪器外形尺寸:φ 118(管嘴除外),高度约 155 毫米,仪器净重约 3.5 千克。

TST-55 型土壤渗透仪主要由以下几个部分组成:

渗透模块:用于测量土壤的渗透性能,结构紧凑、操作简单,并配有调节负压、重量等参数的控制面板,方便用户对测量参数进行调整。

膨胀压力计:通过测定钢球和土壤之间的膨胀压力,来计算出土壤的含水量。

数据采集器:用于采集渗透模块、膨胀压力计等各种传感器内部的信号数据,并通过内置的单片机进行操作和数据存储。

电源模块:用于为设备提供电力,保证设备正常运行。

2. 操作步骤

(1)土样制备

土样制备主要有两种:一种是原状土试样制备,另一种是扰动土试样制备。

扰动土试样制备按下列步骤进行:

①从土壤样本中取出,仔细观察其颜色、气味、杂质和土壤类型,并将其分割成小块,混合均匀,以此作为参考,测量土壤的含水量。

②土壤的种类及其特征决定了它的质地。如果土壤均质,且不含有害物质,那么最好选择具备自然水平的土壤作为测定标准。如果土壤非常不均质,那么最好按照实际需要收集充足的土壤样本,并放到室内晒太阳,直到它们能

被完全消化。如果土壤中的有机质含量高,那么最好将其放到 105—110 ℃ 的恒定温度中来保存。如果土壤中的矿物质含量高,那么最好将其放到 65—70 ℃ 的恒定温度中来保存。

③将经过风干或烘干的土壤放置在橡皮板上,使用木槌将其捣碎,但是对于没有砂粒或砾石的土壤,应使用碎土机来捣碎。

④在分散后的粗粒土和细粒土中,应当严格按照规定的筛选程序进行处理。对于含有细粒的砾石,应该先将其放入水中,经过充分搅拌,以便将其中的粗细颗粒分离开来,然后再根据实验要求进行筛选。

(2)TST-55 型土壤渗透仪(图 4-8)的操作步骤

图 4-8　实验仪器

①根据《土工试验规程》(SL 237—1999)和《公路土工试验规程》(JTG 3430—2020),我们应该按要求准确地进行测量和分析。

②在底座里倒入一些防漏的材料,然后在其表面涂一层防潮材料。

③将密封圈固定在表面,并用透水石覆盖,然后拧紧螺杆,以防水和空气渗漏。

④将进水管道与供水系统相连,并将排气阀门安装在平衡位置。

⑤当水位低于200厘米时，应将其静置一段时间，直至出水口处有水流出，方可进行测量。

⑥在实施实验前，先用水头管把水压到所需的高度，然后打开秒表，并且在实施前先测量出初始水头 h_1，还应该测量出实施前和实施完毕的水温。

⑦根据给定的公式，计算出土壤渗透系数。

3. 技术要求

（1）为了保证安全性，使用的渗透仪必须配备一个专用的铭牌，其中包含了该仪器的产品名称、型号、规格、生产商及生成时间等信息。

（2）在使用过程中，仪器的表面必须保持干净、光滑、颜色一致，并且没有任何可能损坏产品的缺陷。

（3）为了保证安全性，上盖、下盖和套筒应使用耐腐蚀、抗磨损且不易变形的金属材料制作，并且表面和内壁的粗糙度应达到 RM6.3。

（4）两端的透水板应该保持光滑，并且其渗透率应该不低于 1×10 立方厘米。

（5）应当遵守《切土环刀》（SD 191—86）的规定，使用环刀进行切土作业。

（6）在安装完毕后，环刀必须牢固地固定，以免受到外力的损害，并且在 100 kPa 的气压下也不能出现任何渗漏。

（7）水力量管应符合 B 级滴定管 1—100 毫升的要求。

四、小结

本节主要介绍了赣江尾闾拦水闸坝冲积土变水头渗透试验的设计与操作步骤。本节首先阐述了试验的目的，即评估冲积土层的渗透性能，并通过测定渗透系数来了解冲积土层对水流的透过能力；描述了试验的基本原理，即基于多级渗透流理论，利用 TST-55 型土壤渗透仪，通过控制土样内的水头并测量渗透速率来计算土层的渗透系数。

本节详细说明了试验方案的制定，包括对单层黏性土渗透试验、单层砂土渗透试验以及上层黏性土下层砂土渗透试验的设置。同时，对试验装置的组成、操作步骤以及技术要求进行了详尽的介绍，确保试验的准确性和可操作性。

通过本节的准备工作，为后续的实验结果分析和数值模拟研究奠定了基础。下一节将基于本节的试验设计，对实验数据进行详细分析，以期揭示冲积土的渗透特性及其影响因素。

实验过程中,尽管采取了严格的实验操作和质量控制措施,但实验误差仍然可能存在。实验误差可能来源于多个方面,为了减少实验误差,应当严格控制样品的采集和制备过程,确保样品的一致性,在实验过程中应当记录环境条件,分析环境因素对实验结果的可能影响。

第四节 试验结果与分析

一、渗透性试验

具有被水透过的性能称为土的渗透性。渗透问题是土力学三个重要问题之一,室内渗透试验如何测得准确的渗透系数对水利工程起到至关重要的作用。水在土体孔隙中的渗透是一种十分复杂的水流现象。地下水在土体孔隙中渗透时,由于渗透阻力的作用,沿程必然伴随着能量的损失。达西通过大量均匀砂的渗流试验,获得层流状态下孔隙水渗流速度 v 与水力梯度 i 成比例关系的达西定律,即 $v = ki$。

为进一步探明赣江尾闾蓄水区冲积土的渗透特性,实验采用 TST-55 型渗压仪,针对黏土、粉砂土扰动试样进行变水头渗透试验,分别测试单层结构黏土、单层结构砂土和上层砂土下层黏土各 5 组的渗透系数,以了解这两种典型土样不同的渗透特性。

二、渗透结果分析

室内变水头试验土饼厚度要求为 2 厘米或 4 厘米,本次研究采用 4 厘米厚度的土饼。根据渗透公式,按照 $a = 0.2827, A = 30$,渗径 $L = 4$ 进行实验,得到实验记录表。

(一)单层黏土试验

实验使用单层黏土,实验中采用了标准化的 TST-55 型土壤渗透仪来测定黏土样本的渗透性。首先按照规范制备土样,确保土样达到所需的干密度和均匀性。随后,将土样装入渗透仪中,通过控制水头差来模拟自然条件下的地下水流动。结果如表 4 - 3 所示,单层黏土的平均渗透系数为 8.44×10^{-5} cm/s。

表4-3　单层黏土试验数据统计

经过时间 t(s)	开始水头 h_1 (cm)	终了水头 h_2 (cm)	$2.3\dfrac{a}{A}\dfrac{L}{t}$	$\lg\dfrac{h_1}{h_2}$	水温T℃ 时的渗透 系数k_T (cm/s)	水温(℃)	校正系数	渗透系数 k_{20} (cm/s)	平均渗透 系数k_{20} (cm/s)
60	720	615	0.00144	0.068	9.79×10^{-5}	20	0.988	9.67×10^{-5}	
60	720	620	0.00144	0.064	9.22×10^{-5}	20	0.988	9.11×10^{-5}	
60	720	635	0.00144	0.053	7.63×10^{-5}	20	0.988	7.54×10^{-5}	8.44×10^{-5}
60	720	645	0.00144	0.048	6.87×10^{-5}	20	0.988	6.79×10^{-5}	
60	720	620	0.00144	0.064	9.22×10^{-5}	20	0.988	9.11×10^{-5}	

可知变水头实验中单层黏土水头差在100厘米左右,水温20℃,校正系数为0.988。单层黏土试验结果表明,黏土的渗透性与其颗粒组成及孔隙结构有密切关系。黏土中含有大量的细粒土,如砂土、砾石等,由于其较高的孔隙度,在水流作用下形成细颗粒堵塞孔隙通道。对于同一土样,在相同水文条件下,细颗粒含量不同导致渗透系数不同。对于渗透性较大的黏土而言,其自身颗粒含量高,因此渗透系数较小;相反,对于渗透性较小的黏土而言,其自身颗粒含量低导致渗透系数较大。

(二)单层砂土试验

单层砂土实验的目的是评估砂土在不同水头条件下的渗透性能。研究结果如表4-4所示,表明单层砂土的平均渗透系数为1.97×10^{-4} cm/s,与黏土相比,砂土展现了较高的渗透性。这一发现对于理解和预测砂土层在水利工程中的水文地质行为至关重要。

对同一渗透系数的砂土而言,水头越大,渗透系数越小。当水头超过临界水头时,水头对砂土渗透性的影响将变得不显著,甚至会出现渗透系数的减小。在实验中发现,随着水头差的增大,单层砂土的渗透系数逐渐降低,并趋于稳定。

表 4-4 单层砂土试验数据统计

经过时间 $t(s)$	开始水头 h_1 (cm)	终了水头 h_2 (cm)	$2.3\dfrac{a}{A}\dfrac{L}{t}$	$\lg\dfrac{h_1}{h_2}$	水温$T℃$时的渗透系数k_T (cm/s)	水温(℃)	校正系数	渗透系数 k_{20} (cm/s)	平均渗透系数k_{20} (cm/s)
60	820	575	0.00144	0.154	2.20×10^{-4}	20	0.988	2.17×10^{-4}	
60	820	596	0.00144	0.139	2.00×10^{-4}	20	0.988	1.98×10^{-4}	
60	820	618	0.00144	0.123	1.77×10^{-4}	20	0.988	1.75×10^{-4}	1.97×10^{-4}
60	820	596	0.00144	0.139	2.00×10^{-4}	20	0.988	1.98×10^{-4}	
60	820	600	0.00144	0.136	1.96×10^{-4}	20	0.988	1.94×10^{-4}	

(三)双层结构试验

通过对不同层次土样的渗透性能进行测定,我们发现双层结构的平均渗透系数为 1.53×10^{-5} cm/s。试验结果强调了在工程设计中考虑土层结构对渗透性影响的重要性,为综合整治工程的安全性提供了科学依据。通过不同类型砂土的渗透性质进行比较发现,砂层中黏粒含量较少的土样具有更高的渗透性。这也从另一个侧面说明了黏粒含量对砂土渗透性能的影响。

表 4-5 异性砂土试验数据统计

经过时间 $t(s)$	开始水头 h_1 (cm)	终了水头 h_2 (cm)	$2.3\dfrac{a}{A}\dfrac{L}{t}$	$\lg\dfrac{h_1}{h_2}$	水温$T℃$时的渗透系数k_T (cm/s)	水温(℃)	校正系数	渗透系数 k_{20} (cm/s)	平均渗透系数k_{20} (cm/s)
60	890	680	0.00144	0.117	1.68×10^{-5}	20	0.988	1.66×10^{-5}	
60	890	694	0.00144	0.108	1.55×10^{-5}	20	0.988	1.53×10^{-5}	
60	890	705	0.00144	0.101	1.45×10^{-5}	20	0.988	1.43×10^{-5}	1.53×10^{-5}
60	890	700	0.00144	0.104	1.50×10^{-5}	20	0.988	1.48×10^{-5}	
60	890	694	0.00144	0.108	1.55×10^{-5}	20	0.988	1.53×10^{-5}	

这一结果表明,双层结构的渗透性介于单层黏土和单层砂土之间,不能用单层黏土或单层砂土来简单地说明双层结构的渗透性。为了确定双层结构的渗透性,我们分别计算了单层和双层结构的渗透系数。我们将单层和双层结构的渗透系数进行对比,发现在相同渗透条件下,双层结构的渗透系数比单层黏

土大,比单层砂土小。

三、小结

本章主要围绕渗透性试验展开,通过对不同条件下的冲积土样本进行变水头渗透试验,深入分析了冲积土的渗透特性。试验结果表明,冲积土的渗透性受到多种因素的影响,包括土层的干密度、结构组成以及土体的物理力学性质等。

我们对单层黏性土和单层砂土的渗透试验结果进行分析,发现黏性土和砂土的渗透系数存在明显差异,黏性土的渗透系数普遍低于砂土;对双层结构冲积土的渗透试验结果进行分析,研究了上层黏性土和下层粉细砂等不同双层结构组合下的渗透性能。通过试验与分析,可以得出以下结论:

冲积土的渗透性受到干密度、土层结构和物理力学性质的综合影响。在工程实践中,应充分考虑这些因素对冲积土渗透性的影响,以优化工程设计和施工方案。渗透试验结果对于评估工程区域的水文地质条件和渗透变形风险具有重要意义,有助于预防和减少因渗透引起的安全隐患。

本章通过对渗透试验的数据进行统计分析,归纳了影响渗透系数的主要因素,包括以下几个方面:土体的干密度、土层结构、土体的物理力学性质。

根据以上结果,我们可以总结出冲积土的渗透特性,并且提出一些建议以供工程实践参考:

1. 合理划分土层,控制土层厚度。

2. 通过控制干密度和减小颗粒间的接触面积等措施来减少土体中水分的吸附与蒸发。

3. 合理设计土料颗粒大小和级配等参数,减少土体中水分的吸附与蒸发。

4. 对于粉细砂土层,建议采用分层压实措施来减小颗粒间接触面积,进而减小渗透系数。

第五节 基于 Geostudio 的冲积土渗透性研究

一、Geostudio 的地下水渗透性分析原理

(一)Geostudio 地下水渗透模拟 SEEP 模块软件介绍

SEEP/W 软件是一款用于分析多孔渗水材料,如土体和岩石中的地下水渗流和超孔隙水压力消散问题的有限元软件。它全面而简洁的表述使用户可以分析从简单的饱和稳态问题到复杂的不饱和时变问题。

在 SEEP/W 软件中,通过渗流有限元计算,用户可以分析边坡在不均匀饱和条件、非饱和条件下的孔隙水压力,也可以对边坡稳定时的瞬态孔隙水压力进行分析。通过瞬态分析,可以得出不同时刻不同点的孔隙水压力分布状况。通过对孔隙水压力随时间变化的结果分析,可以研究边坡、路堤稳定性与时间的关系。在水中溶质扩散转移问题中,水流速度是关键因素之一,通过 SEEP/W 软件可计算出水的流速,然后在 CTRAN/W 软件中通过计算出的水流速度可分析水中溶质的扩散转移。

SEEP/W 软件可以用于对饱和及非饱和渗流问题的建模分析,这一特点也大大扩展了它所能分析问题的范围。除了可以对传统的稳定状态饱和渗流进行分析之外,SEEP/W 软件中的饱和或非饱和计算模型使得该软件可以对随时间变化的渗流问题和短期渗流过程进行模拟分析。这个新增的特征可以使用户对诸如水汽锋面的迁移和超孔隙水压力的消散过程进行分析。

SEEP/W 软件可以应用于岩土工程、土木工程、水文地质学和采矿工程等多种学科问题的分析和设计。

(二)地下水渗透模拟的理论

本实验采用使用 Finite element method 的 Geostudio 地下水渗透模拟 SEEP 模块。有限单元法就是在研究区划分有限个互不重叠的网格单元,用插值函数表示节点水头,然后运用变分原理或者加权余量法来离散并求解微分方程的算法。依据不同的离散方法,又可以分为伽辽金有限单元法、里兹有限单元法和均衡法等。应用有限单元法的典型代表软件有 FEFLOW 和 GMS。

二、基于 Geostudio 的冲积土渗透模型

(一)渗透模型背景

南昌市雨水充沛,年平均降雨量为 1567.7—1654.7 毫米,降水分布不均匀,汛期 4—8 月的雨量约占全年降水量的一半;年际间降水量差异较大,最大的可达 1 倍以上,雨量最多的是 1954 年,达 2356 毫米,最少的是 1963 年,仅1046 毫米。本次数值模拟拟定洪水位为 20 米,正常蓄水位为 15 米,枯水位为10 米。模型基于饱和非饱和渗流理论,采用 Geostudio 的 SEEP/W 模块建立非稳定流数学模型,通过求解偏微分方程,得到一维非稳定流数学模型。在此基础上,考虑降雨入渗、地下水蒸发和渗流作用的影响,建立了二维非饱和渗流模型。

该模型建立在南昌某水库及附近区域进行了大量水文地质调查的基础上,采用一维非稳定流数学模型,同时考虑了地下水与地表水之间的相互影响,能够较好地模拟南昌市降雨条件下该区域非饱和土渗流过程。同时,我们与实测数据进行比较,验证了所建模型的有效性。

(二)模型建立

1.模拟对象概化

模拟区地下水类型主要为松散岩类孔隙水。天然条件下,地下水自山区向沟谷区径流,山区水力梯度较大,沟谷区相对较小。本次数值模拟主要针对区内各含水层对地下水环境的影响进行预测与评价,选定第四系松散岩类孔隙水作为主要的模拟对象。

2.边界条件

本模型渗流场的上边界由降水入渗补给边界以及潜水蒸发排泄边界混合而成,模型的底面与其下伏的完整基岩无水量交换,河床高程一般为 4.3—13.5米,本实验设置高程 12 米,闸高 15.5 米,正常蓄水位 15 米,洪水位 20 米,枯水位 12.5 米,隔水帷幕高 10 米、宽 3 米,如图 4 - 9 所示。闸址区揭露地层岩性主要为第四系全新统冲积层($Q_4{}^{al}$)、上更新统冲积层($Q_3{}^{al}$)及第三系(E)泥质粉砂岩,两岸堤防为人工堆积层(Q^{ml})。

①砂质黏土:堤身填土成分以粉质黏土为主,局部为壤土、砂壤土、粉细砂,呈黄褐色,填筑质量一般,粉质黏土具弱透水性。

②黏土与粉砂土夹层:呈流塑或软塑状,黏性较强。

③粉细砂：松散状，以粉细粒为主。

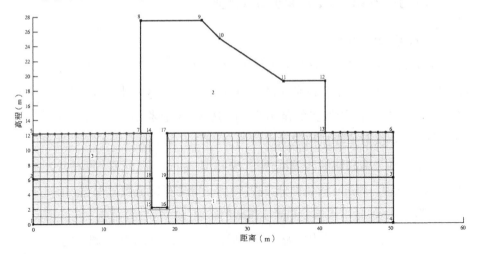

图4-9 拦水闸坝基模型

设置工况1如图4-10所示。上层砂质黏土，以粉质黏土为主，局部为壤土、砂壤土、粉细砂，呈黄褐色，填筑质量一般，粉质黏土具弱透水性，层厚6米。下层粉砂土呈松散状，以粉细粒为主，层厚6米。

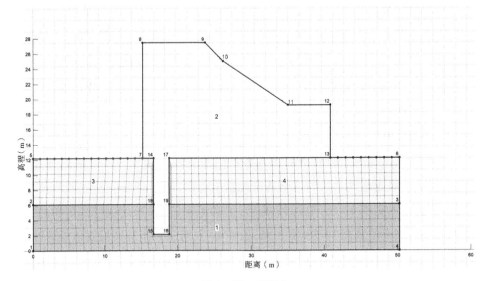

图4-10 工况1

工况2如图4-11所示。上层为砂质黏土，以粉质黏土为主，局部为壤土、砂壤土、粉细砂，呈黄褐色，填筑质量一般，粉质黏土具弱透水性，层厚6米。下层黏土与粉砂土夹层，呈流塑—软塑状，黏性较强，层厚6米。

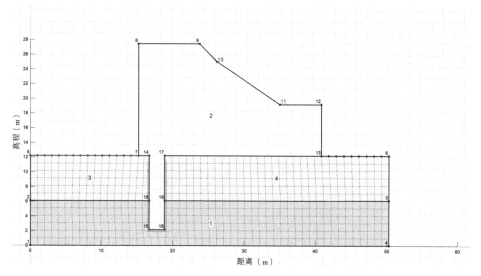

图4-11 工况2

工况3如图4-12所示。上层黏土与粉砂土夹层,呈流塑—软塑状,黏性较强,层厚6米。下层砂质黏土,以粉质黏土为主,局部为壤土、砂壤土、粉细砂,呈黄褐色,填筑质量一般,粉质黏土具弱透水性,层厚6米。

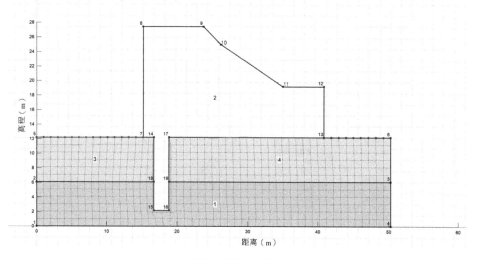

图4-12 工况3

打开Geostudio 2022的SEEP/W板块,设置分析类型为稳态,如图4-13所示定义项目。

图4-13 定义项目

修改时间单位为秒,质量单位为千克,长度单位为m,力学单位千牛顿,温度单位为℃,能量单位为焦耳,如图4-14所示。

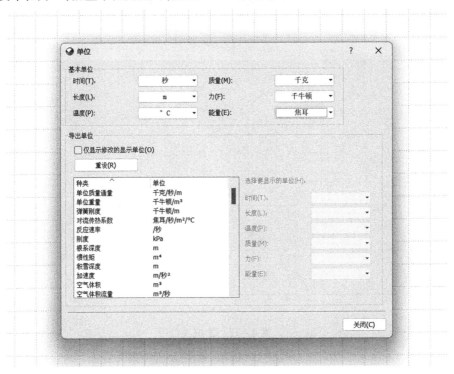

图4-14 修改单位

点击素描基准轴,设置 X 坐标长度为 60 米,Y 坐标高度为 28 米的坐标轴,如图 4 - 15 所示。

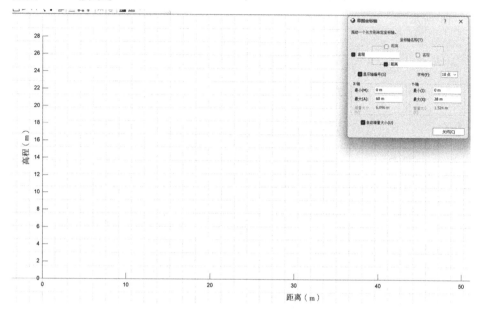

图 4 - 15　设置坐标系

点击绘制区域,绘制出两层长 50 米、高 6 米的土层,和长 25 米、高 15.5 米的拦水坝闸基,如图 4 - 16 所示。

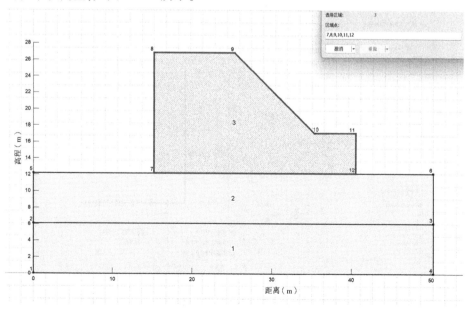

图 4 - 16　绘制区域

选择绘制材料,输入新材料黏土、粉砂土和夹层。选择材料模型为饱和/不饱和,设置每种材料的体积含水量函数 v 和水力传导率函数 h,如图 4 – 17、图 4 – 18 所示。

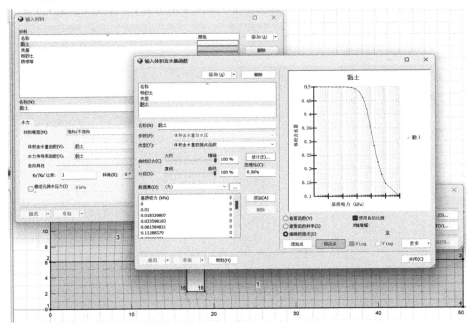

图 4 – 17　设置体积含水量函数

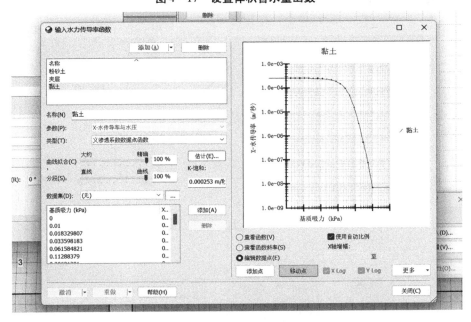

图 4 – 18　设置水力传导率函数

黏土的体积含水量函数选择类型为体积含水量数据点函数,选择估计,估计方法为样本函数,设置饱和含水量。水力传导率函数选择类型为义渗透系数数据点函数,选择估计,估计方法为 Fredlund-Xing-Huang,选择体积含水量函数为黏土,设定实验得到的渗透系数。其他材料的设置类似于黏土,不再介绍。

绘制边界条件,添加上水位和下水位,边界条件类型选择常数,种类为总水头。下水位设置为 12.1 米,上水位洪水位设置为 20 米,正常蓄水位设置为 15米,枯水位设置为 12.5 米,如图 4-19 所示。

图 4-19　设置边界条件

三、渗透的数值模拟试验

(一)暴雨状态

在暴雨状态下,设置上水位为 20 米,点击求解可得到工况 1 的等值线图,包括压力水头分布(图 4-20)和总水头分布(图 4-21)。

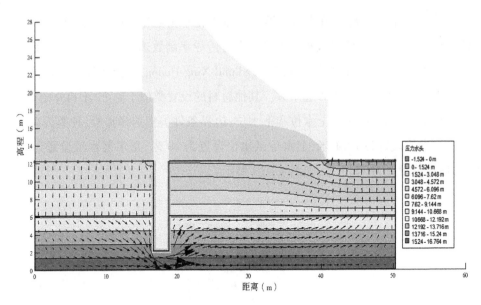

图4-20　洪水位工况1等值线图及压力水头分布

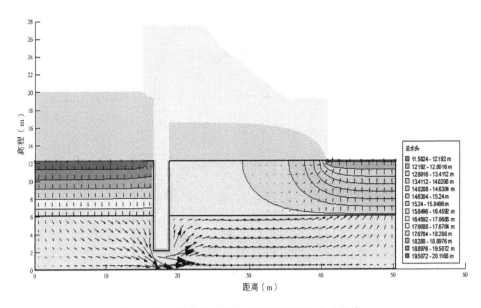

图4-21　洪水位工况1等值线图及总水头分布

将填充材料改为工况2,上层黏土下层夹层结构,点击求解可得到图4-22、图4-23。

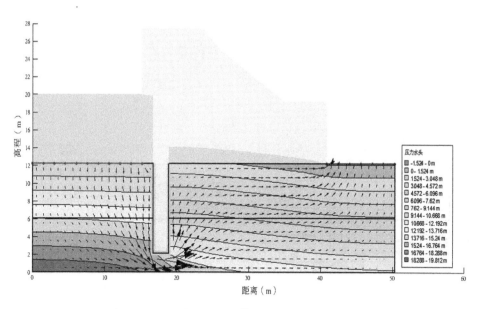

图 4-22 洪水位工况 2 等值线图及压力水头分布

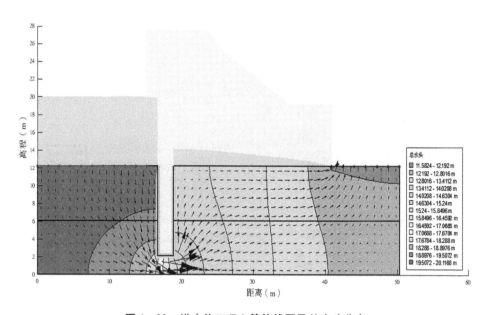

图 4-23 洪水位工况 2 等值线图及总水头分布

将填充材料改为工况 3,上层夹层下层砂土结构,点击求解可得到图 4-24、图 4-25。

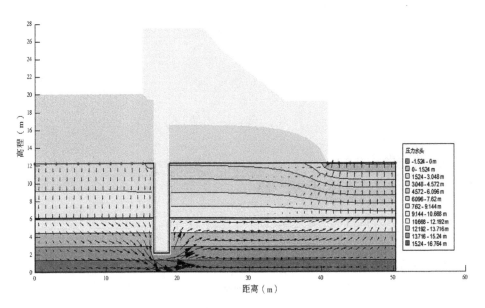

图 4 - 24　洪水位工况 3 等值线图及压力水头分布

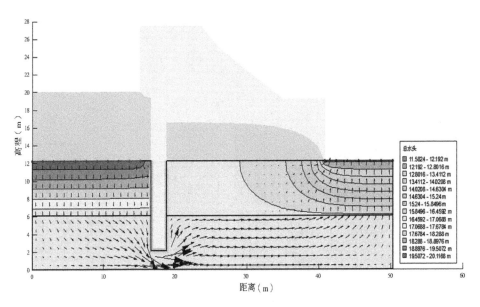

图 4 - 25　洪水位工况 3 等值线图及总水头分布

通过分析可知,在暴雨情况下,高程越高压力水头越小,迎水面一侧压力水头稍大于另一侧。向下渗透时越靠近防渗墙渗流速度越快,迎水面一侧等值线比另一侧稀疏。向上渗透时,越靠近拦水坝闸基等值线越稀疏。工况 2 在拦水坝闸基左侧等值线更密集,压力水头更小。渗透性大小顺序为工况 3 > 工况 1 > 工况 2。

(二)正常状态

在正常状态下,设置上水位为 15 米,点击求解可得到工况 1 的等值线图,包括压力水头分布(图 4 – 26)和总水头分布(图 4 – 27)。

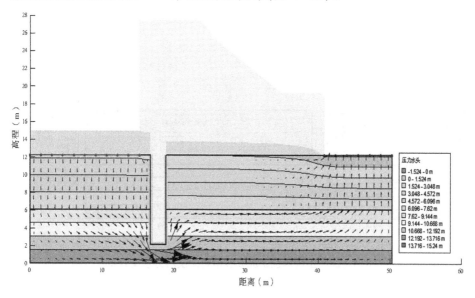

图 4 – 26 正常水位工况 1 等值线图及压力水头分布

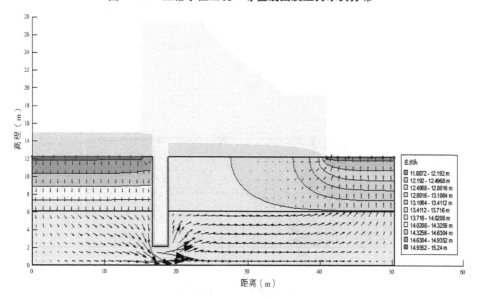

图 4 – 27 正常水位工况 1 等值线图及总水头分布

　　将填充材料改为工况 2,上层黏土下层夹层结构,点击求解可得到图 4 - 28、图 4 - 29。

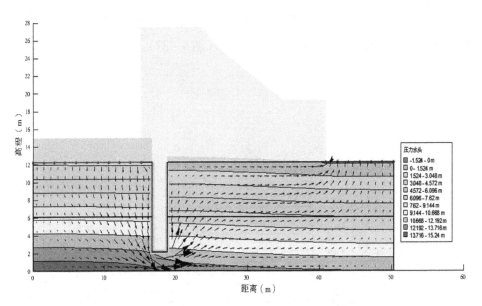

图 4 - 28　正常水位工况 2 等值线图及压力水头分布

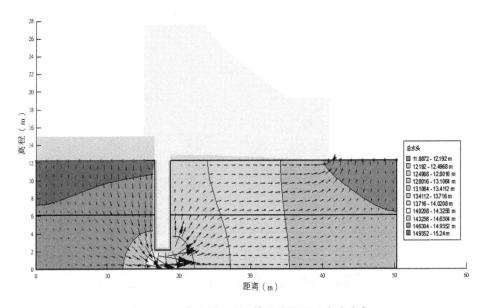

图 4 - 29　正常水位工况 2 等值线图及总水头分布

将填充材料改为工况 3，上层夹层下层砂土结构，点击求解可得到图 4 - 30、图 4 - 31。

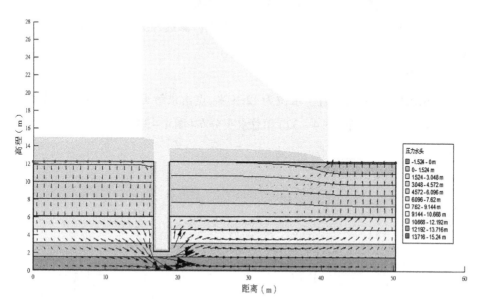

图 4 - 30　正常水位工况 3 等值线图及压力水头分布

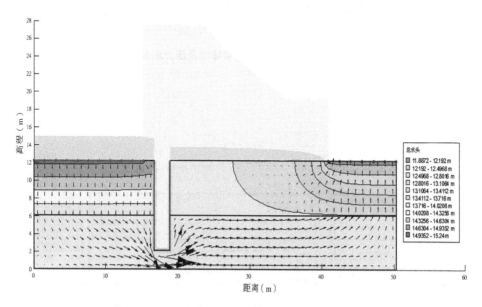

图 4 - 31　正常水位工况 3 等值线图及总水头分布

通过分析可知,在正常降水情况下,高程越高压力水头越小,迎水面地层压力水头稍大于另一侧。向下渗透时越靠近防渗墙渗流速度越快,迎水面一侧等值线比另一侧稀疏。向上渗透时,越靠近拦水坝闸基等值线越稀疏。工况2在拦水坝闸基左侧等值线更密集,压力水头更小。渗透性大小顺序为工况3 > 工况1 > 工况2。

(三)枯水位状态

在枯水位状态下,设置上水位为12.5米,点击求解可得到工况1的等值线图,包括压力水头分布(图4－32)和总水头分布(图4－33)。

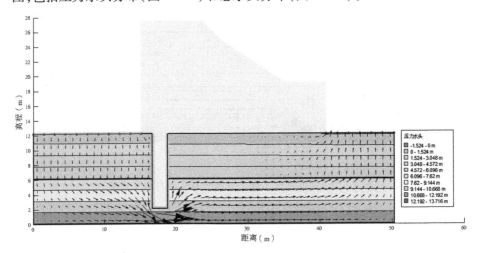

图4－32　枯水位工况1等值线图及压力水头分布

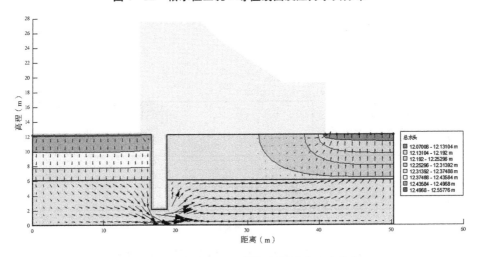

图4－33　枯水位工况1等值线图及总水头分布

将填充材料改为工况 2，上层黏土下层夹层结构，点击求解可得到图 4 – 34、图 4 – 35。

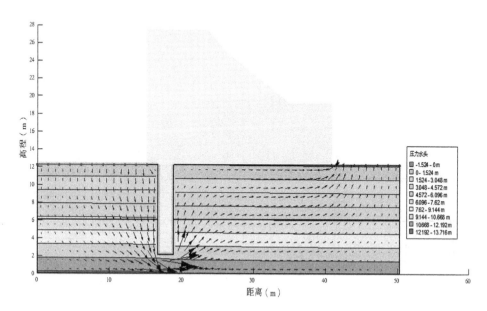

图 4 – 34　枯水位工况 2 等值线图及压力水头分布

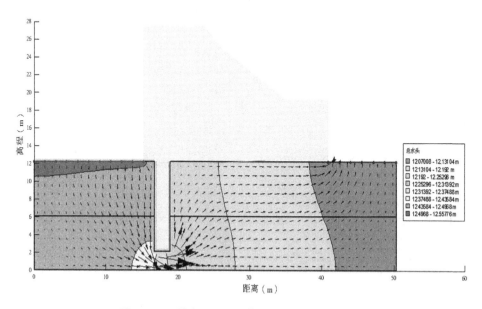

图 4 – 35　枯水位工况 2 等值线图及总水头分布

　　将填充材料改为工况 3,上层夹层下层砂土结构,点击求解可得到图 4 -36、图 4 -37。

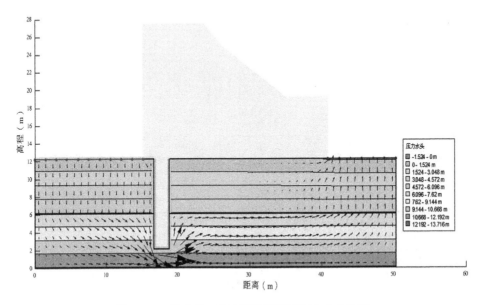

图 4 -36　枯水位工况 3 等值线图及压力水头分布

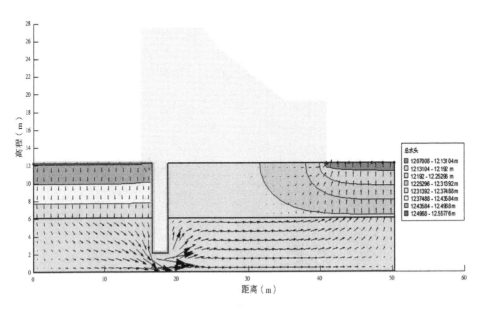

图 4 -37　枯水位工况 3 等值线图及总水头分布

通过分析可知,在枯水位情况下,高程越高压力水头越小,迎水面一侧压力水头稍大于另一侧。向下渗透时越靠近防渗墙渗流速度越快,迎水面一侧等值线比另一侧稀疏。向上渗透时,越靠近拦水坝闸基等值线越稀疏。工况 2 在拦水坝闸基左侧等值线更密集,压力水头更小。渗透性大小顺序为工况 3 > 工况 1 > 工况 2。

四、小结

通过 Geostudio 软件平台,我们对赣江尾闾拦水坝基冲积土的渗透性进行了数值模拟研究。模拟工作涵盖了建立地质模型、设定边界条件、参数设定以及三种工况下正常蓄水位、洪水位和枯水位拦水坝坝基的渗透分析。通过模拟,我们得到了不同条件下的等值线图和压力水头、总水头分布情况,揭示了地下水在研究区的渗流特征和规律。数值模拟结果表明,冲积土层的渗透性受到多种因素影响,包括土层结构、土体的物理力学性质以及外部水文地质条件等。

由图可知,正常蓄水位时工况 1 上层黏土渗透小于下层粉砂土,高程越高压力水头越小,迎水面一侧压力水头稍大于另一侧。向下渗透时越靠近防渗墙渗流速度越快,迎水面一侧等值线比另一侧稀疏。向上渗透时越靠近拦水坝闸基等值线越稀疏。洪水位迎水面一侧压力水头明显大于另一侧,且渗透速度更快,等值线穿过拦水坝闸基后变得更密集。

正常蓄水位时工况 2 上层黏土渗透小于下层双层土,但整体渗透性小于工况 1,迎水面一侧压力水头更大。向下渗透时越靠近防渗墙渗流速度越快,迎水面一侧等值线比另一侧稀疏,但另一侧的等值线比工况 1 更稀疏。向上渗透时越靠近拦水坝闸基等值线越稀疏。洪水位迎水面一侧压力水头明显大于另一侧,且渗透速度更快,等值线穿过拦水坝闸基后变得更密集。

正常蓄水位时工况 3 上层双层土渗透小于下层粉砂土,但整体渗透性大于工况 1,迎水面一侧压力水头更大。向下渗透时越靠近防渗墙渗流速度越快,迎水面一侧等值线比另一侧稀疏,另一侧的等值线比工况 1 更密集。向上渗透时越靠近拦水坝闸基等值线越稀疏。洪水位迎水面一侧压力水头明显大于另一侧,且渗透速度更快,等值线穿过拦水坝闸基后变得更密集。

数值模拟结果与室内土工试验结果相互印证,进一步验证了冲积土层渗透系数测定的准确性,并提供了地下水渗流场的详细分布特征。这些发现对于类似工程的水文地质条件评估和防渗设计具有重要的理论和实践指导意义。

本节的研究不仅加深了对冲积土渗透性的理解,而且为类似工程的水文地质条件评估提供了一种有效的数值模拟方法。数值模拟作为一种预测工具,对于指导实际工程的设计和施工具有重要的参考价值。

第六节 本章小结

本研究综合运用了室内土工试验和数值模拟方法,对赣江尾闾拦水坝基冲积土的渗透性进行了全面分析。研究发现,研究区冲洪积砂土表现出低到中等的渗透性。实验结果表明,单层黏性土相较于单层砂土及多层土结构具有更低的渗透系数,说明土层结构对渗透性有显著影响。

此外,可知正常蓄水位时渗透性大小顺序为工况3 > 工况1 > 工况2。迎水面一侧压力水头更大,向下渗透时越靠近防渗墙等值线越密集,迎水面一侧等值线比另一侧稀疏,向上渗透时越靠近拦水坝闸基渗透性越小。洪水位迎水面一侧压力水头明显大于另一侧,且渗透速度更快,等值线穿过拦水坝闸基后变得更密集。数值模拟进一步验证了室内试验结果的可靠性,并提供了不同水文地质条件下地下水渗流场的详细分布特征。

本研究的结论对于类似工程的渗透性评估和防渗设计具有重要的理论和实践指导意义。

第五章 地下水数值模拟模型的构建

一、地下水数值模拟原理

伴随着信息时代的快速发展,利用数值模拟对研究领域中的各种问题进行模拟研究逐渐成为各领域中重要的研究方法。在地下水研究领域中使用较多的数值模拟软件有 FEFLOW、Visual MODFLOW、GMS。本章为研究赣江尾闾综合整治工程研究区浸没范围,选用了 GMS 中的 MODFLOW 模块进行数值模拟研究。

MODFLOW 为三维有限差分地下水流模型,其核心思想是基于网格划分的有限差分法。首先需要对地下水模型所覆盖的区域进行划分,将其划分为一系列规则且具有自己的属性(如渗透率和初始水头)的网格单元,并构建研究区各网格、各时段的水均衡方程,然后将所有网格方程组构建成一个线性方程组后,通过迭代求解算法,将各个网格单元的参数联立求解出来,从而获得地下水的网格单元的水头值。

二、数学模型

地下水数学模型是用来描述和预测地下水流动和污染传输的数学模型。该种模型通常基于一些假设和方程,描述地下水的流动和水位的变化情况,以及在地下水流动过程中污染物的传输和转化过程。通常建立地下水数学模型需要在收集并整理研究区地下水系统相关数据的基础上建立模型的基本假设和方程,利用数值方法将模型方程离散化。数学模型建立完成后需要借助计算机的算力求解离散化的数学模型,得到地下水流动的数值解。随后,需要对模型的预测结果进行比较和验证,并对模型进行优化和改进,以确定模型的精度和可靠性。

(一)数学模型原理

数学模型是一种将实际问题抽象化、形式化的方法,可以帮助人们更好理解和分析问题,并提供一种基于数学原理的求解方案。数学模型通常由一组方程或不等式组成,这些方程或不等式描述了系统的行为或特性。

数学模型的构建首先需要明确问题的目标以及限制条件,确定需要描述系统行为的变量,对它们进行定义和分类,并结合实际情况,假设系统的行为可以使用数学形式进行概述,确定需要的数学工具和方法,随后依据问题的假设和定义,建立数学方程或不等式,以描述系统的行为。方程建立完毕,便通过数学方式使用计算机程序进行辅助计算,求解数学方程式或不等式,获得数值解或解析解。获得解后,还需根据实际情况对已建立的模型进行验证工作,检验模型的准确性和可靠性,以对模型进行优化甚至重建;若已建立模型验证通过,符合实际场景,则可将该数学模型用于预测、决策和优化等操作。数学模型的构建原理如图 5 - 1 所示:

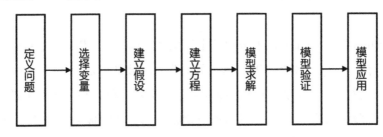

图 5 - 1　数学模型构建原理

(二)数学模型构建

基于上述对研究区的概述以及研究区水文地质模型概化的边界条件等,在进行数值模拟时,将研究区模型概化为三维均质、各向同性、稳定流。研究区内数学模型构建如式(5 - 1)所示:

$$\begin{cases} \dfrac{\partial}{\partial_x}\left(K_{xx}\dfrac{\partial_H}{\partial_x}\right) + \dfrac{\partial}{\partial_y}\left(K_{yy}\dfrac{\partial_H}{\partial_y}\right) + \dfrac{\partial}{\partial_z}\left(K_{zz}\dfrac{\partial_H}{\partial_z}\right) = 0, \ x,y,z \in \Omega \\ H(x,y,z,t)\mid_{t=0} = H_0(x,y,z,t), \ x,y,z \in \Omega, t \geqslant 0 \\ H(x,y,z,t)\mid \Gamma_1 = H_1(x,y,z,t), \ x,y,z \in \Gamma_1, t \geqslant 0 \end{cases} \quad (5-1)$$

其中:

K_{xx}、K_{yy}、K_{zz} 分别为 x、y、z 方向上的渗透系数(m/d);Ω 表示渗流区域;H_0 为初始时刻水头值(m);H_1 为在某时间 t 时,第一类边界水头值(m);x、y、z 表示三维空间坐标;t 为时间(d);Γ_1 表示研究区定水头边界。

三、三维地质模型

为了进一步了解研究区内地层结构及其空间分布对浸没范围的影响,通过使用 GMS 软件构建该区域的三维地质模型,将三维地质模型以及概念模型相结合进行数值模拟分析,模拟该区域内地下水运动,研究不同地质结构情况下地下水的运动规律,揭示平原型河间地块水库浸没影响范围。

(一)三维地质建模模块

地下水模拟系统是一种基于计算机模拟的工具,用于模拟地下水流动和水质变化。这些模拟系统通过建立一个数学模型来描述地下水系统中的物理、化学和生物过程,并通过计算机程序对这些过程进行模拟。地下水模拟系统通常包含以下几个部分:模型建立、模型参数确定和模型模拟。目前 GMS 是地下水数值模拟研究中使用比较广泛且功能强大的科研软件,其拥有强大的前、后处理以及可视化功能。本章基于 GMS 软件构建研究区三维地质模型,使用到以下几个功能模块:

(1)Boreholes 模块。该模块主要用于管理导入的钻孔数据,可通过表格的形式导入导出到 Excel 中进行统一规范化的管理,更有利于对大量钻孔数据进行处理。将处理完毕的钻孔数据导入 GMS 软件中,可结合高程数据构建地面 TIN 模型。

(2)TINs 模块。该模块是不规则三角网格划分,在 GMS 中主要用于构建表面三角网格。TINs 可以用来表示一个地质单元的表面或由数学函数定义的表面。利用研究区高程点数据,利用插值法可以构建地面 TIN 模型,用以描述地形变化。

(3)Solid 模块。该模块的主要功能是管理实体模型,将地面高程点使用差分方法导入,建立地面 TIN 模型,再运用 Boreholes 数据可生成三维地质模型。根据生成的三维地质模型,可从不同视角观察研究区模型的空间结构。

(二)地面 TIN 模型

构建研究区 TIN 模型,首先需要获取研究区的 DEM 数据,本章 DEM 数据来源于美国航空航天局(NASA)。提取 DEM 数据中高程点数据,利用克里金插值法生成地面高程模型,即将高程点数据(X、Y、Z)导入软件中形成二维散点,并运用插值法转换形成不规则三角网格,选中 TIN 下的 Subdivide TIN 将不规则三角网格细分,选中导入二维散点插值为 Active TIN,最终形成地面 TIN 模型(如图 5 - 2 所示),建立流程如图 5 - 3 所示。

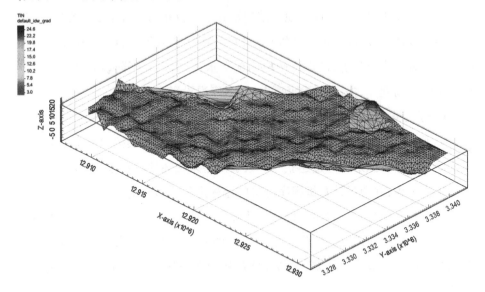

图 5 - 2 研究区地面 TIN 模型

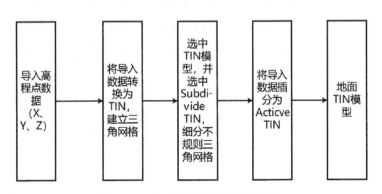

图 5 - 3 建立地面 TIN 模型流程图

依据研究区 DEM 数据而建立的地面 TIN 模型,可较为直观地观察到河间地块内地势平坦,尤其是中间区域地势低洼,四周地势较高于中部,整体呈现四周高中间低的形式。地面 TIN 模型的构建,能够将研究区内的地形以可视化形式直观地展示,对三维地质模型的建立以及水文地质模型的构建起着十分重要的作用。

(三)钻孔数据

在构建研究区三维地质实体模型前需要对采集的钻孔数据进行处理,为后续数值模拟提供可靠的数据。钻孔坐标及高程数据详见表5-1。

表5-1　钻孔数据

钻孔名称	经度(E)	纬度(N)	钻孔高程(m)	钻孔深度(m)
BTK401	116°02′09.2″	28°48′12.4″	14.33	22.33
BTK402	116°02′25.0″	28°47′55.5″	16.5	24.5
BTK403	116°02′37.3″	28°47′42.3″	16.38	24.38
BTK404	116°02′14.2″	28°49′24.2″	17.32	25.32
BTK405	116°02′42.5″	28°49′04.6″	15.32	23.32
BTK406	116°03′14.5″	28°48′42.1″	15.17	23.17
BTK407	116°03′37.6″	28°48′25.9″	16.42	24.42
BTK408	116°03′54.5″	28°48′16.0″	15.58	24.28
BTK409	116°03′33.3″	28°49′08.1″	14.9	22.9
BTK410	116°03′49.0″	28°48′51.0″	15.39	23.39
BTK411	116°04′06.5″	28°48′34.5″	15.76	23.76
BTK412	116°03′55.6″	28°49′30.5″	14.73	22.73
BTK413	116°04′17.6″	28°49′12.2″	15.17	23.17
BTK414	116°04′34.5″	28°48′54.7″	15.57	24.27
BTK415	116°04′15.5″	28°50′01.6″	15.23	23.23
BTK416	116°04′37.3″	28°49′40.8″	11.52	23.82
BTK417	116°04′57.4″	28°49′14.0″	11.58	23.88
BTK418	116°04′36.5″	28°50′10.1″	14.71	22.71
BTK419	116°04′51.7″	28°49′57.9″	15.58	23.58
BTK420	116°05′12.3″	28°49′37.9″	16.51	24.51
BTK421	116°04′48.5″	28°50′30.0″	15.25	23.5
BTK422	116°05′07.6″	28°50′12.4″	15.66	23.66
BTK423	116°05′20.6″	28°49′54.6″	16.17	24.17

　　在进行数值模拟时,钻孔数据是建立地质模型的基础,其准确性和数量对模拟结果的影响至关重要。虽然只有23个钻孔点位,可能不足以完整地描述研究区大范围的地质情况,但仍然可以在一定程度上适用于数值模拟实验。钻孔点位可以提供研究区内关键的地质信息,如不同地层的分布、厚度和性质等。使用这23个点位可以建立研究区一定范围内较为可靠的地质模型,从地层分

层以及地层岩性厚度等方面来描述研究区域的基本地质情况。

(四)三维地质实体模型

三维地质实体模型是一种用来描述地质结构和地质属性的数学模型,它可以用来模拟地球内部结构、地下水流、矿床分布等。三维地质实体模型一般基于地质勘探数据,通过将数据转化为数学模型,来描述地质结构和属性的分布情况。通过对研究区进行三维地质建模,生成具有高度真实感的三维地质模型,更有利于认识、理解、学习、研究和解释地下水在复杂地层结构间的运动规律。

以研究区内地质与水文地质资料的收集与整理为基础,依托 GMS 地下水数值模拟软件中的 Solid 模块,建立研究区三维地质模型。其中钻孔分布如图 5-4 所示,模型构建的主要步骤如下:

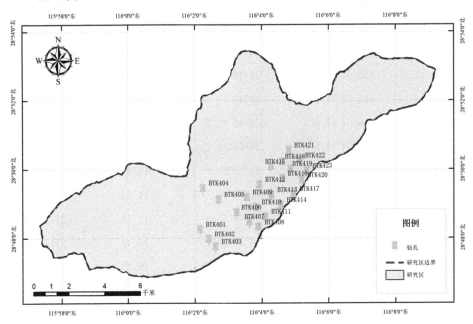

图 5-4 赣江尾闾综合整治工程研究区钻孔分布图

(1)将研究区内获取的钻孔参数整理导入 Excel 中,并依据 GMS 中钻孔数据的格式进行处理,包括钻孔名称、钻孔坐标、钻孔标高、地层厚度信息等,随后进行地层信息的概化,并将其导入 GMS 中通过 Boreholes 模块生成钻孔图,如图 5-5(a)所示。

(2)导入钻孔数据,使用 Boreholes 模块生成钻孔后,首先通过 Auto-Assign Horizons 为钻孔地层自动分配地层 ID 信息,其次使用 Boreholes 模块中的 Auto-

Create Blank Sections 构建研究区的剖面并结合 TIN 地面模型对剖面进行高程拟合,随后通过 Auto-Fill Blank Cross Sections 为研究区不同地层填充。填充完毕后,依据钻孔地层岩性分布信息检查并对截面进行调整,以使得构建的模型能更好地反映研究区内地层特性,最终得到研究区钻孔图以及地层结构剖面图,如图 5 - 5(b)所示。

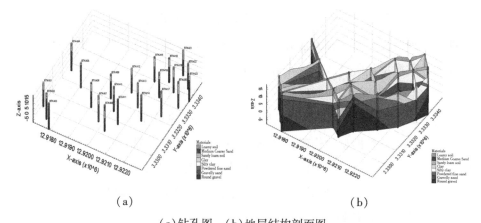

（a）　　　　　　　　　　　　　（b）

（a）钻孔图　（b）地层结构剖面图

图 5 - 5　研究区钻孔图以及地层结构剖面图

(3)通过 GIS 模块导入在 ArcMap 中已经处理完毕的研究区 shp 线文件,首先使用 Convert to 将其转换为 Map data 中的 Boundary 文件,再利用 Feature Objects 模块中的 Build Polygons 命令将 Boundary 线性边界文件转换为面文件,使用 TINs 中 Horizons→Solid 构建研究区三维地质模型(图 5 - 6)。

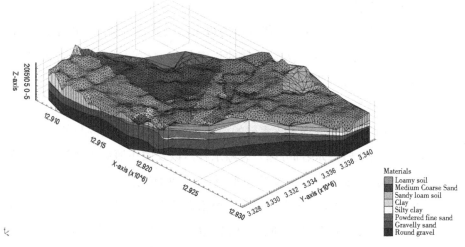

图 5 - 6　赣江尾闾综合整治工程研究区三维地质模型

四、水文地质概念模型

在现实环境中,地下水运动规律的研究存在重重困难,真实环境的水文地质环境是极其复杂且难以研究的,水文地质概念模型的出现则可以较好地解决该类问题。现阶段对地下水流运动规律的研究大多是基于数值模拟技术之上的,需要构建研究区水文地质模型,而构建水文地质模型本质上是对水文地质条件的一种概化。通过将复杂的环境抽象地概化成便于研究的模型,构建合理的水文地质模型是研究成果真实可靠的基础。

水文地质模型的构建需要建立在大量的基础资料收集之上。因此,在对研究区建立概念模型前,我们收集了大量关于研究区的基础资料。

水文地质概念模型的构建,首先通过对研究区进行网格划分来刻画地层结构的空间特性;其次通过野外调查和前期收集的数据对其研究范围和边界条件进行概化;然后确定相应参数;最后设置源汇项并对应导入数据。

(一)含水层特征概化

研究区内含水层主要类型为孔隙潜水和基岩裂隙水两种,研究区处于赣江尾闾赣江北支与中支之间,为一封闭圩区,主要接受大气降水和部分基岩裂隙水补给,与赣江水力联系密切。含水层结构整体可表述为:自上而下岩土颗粒大小逐渐增加,大多为粉细砂、中粗砂、砂砾、圆砾等。含水层介质颗粒增大,透水性变强,富水性明显增强。

(二)边界条件概化

在 GMS 模型中,边界条件是指区域的边缘以及其他特殊地点的水位、水流方向和水流量等信息。这些边界条件的设定是建立数学模型和计算的基础。边界条件的选择和设置将直接影响模拟结果的准确性。

1. 垂直边界概化

研究区内顶部边界为潜水含水层的潜水自由水面,顶部边界与外部进行水量交换主要通过大气降水、部分基岩裂隙水补给以及农田灌溉排泄等方式。研究区所处地形地貌属于典型河湖冲积平原地貌,底部地层岩性主要为砂砾、圆砾等粗颗粒岩土体,常年处于高含水率甚至饱和状态,极少与地表水交换循环。研究区底部边界主要由各种坚硬岩石构成,大多为透水性较差的第三系地层,与第四系含水层之间的水力交换较弱,故认为该地层底部为该含水层底板,将其概化为隔水边界。

2. 侧向边界概化

本次研究内容是赣江尾闾综合整治工程枢纽建成蓄水后对库岸坝后地下水位的影响以及浸没范围。研究区位于赣江北支与中支之间,是典型的河间地块,与赣江北支和中支水力联系紧密。本章主要研究赣江尾闾综合治理工程建成后水位抬高导致的浸没范围变化的影响。我们将该工程中赣江北支和赣江中支建闸位置所在的研究区圩堤定义为一类定水头边界;赣江北支右岸圩堤与赣江北支存在水力交换,故将此概化为定水头边界;赣江中支左岸,以邻近赣江中支一侧的左岸圩堤为边界概化为定水头边界;研究区北部区域边界与赣江北支也存在水力联系,故其也被概化为定向水头边界。

(三)地下水位监测

地下水位升高是发生水库浸没现象的根本原因,研究区浸没范围影响评价,旨在分析研究区在外界环境影响下地下水位的变化。在地下水数值模拟中,地下水位是模型中的一个关键参数,用来描述地下水系统的水位分布和变化情况。为确认研究区内地下水位的变化,我们从研究区附近站点收集了地下水监测数据。观察站点记录数据可知,2020 年研究区年平均地下水位为 15.18 米,取拦水闸设计水位为 15.5 米开展研究。研究区内地下水位监测如图 5-7 所示。

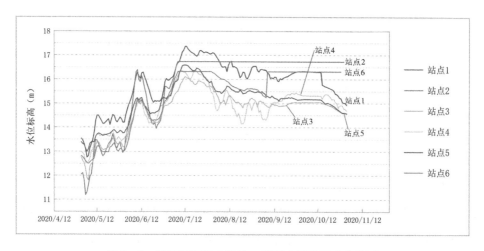

图 5-7 赣江尾闾综合整治工程研究区地下水位监测

五、地下水数值模拟

(一)研究区网格剖分

为了研究赣江尾闾综合整治工程研究区地下水的变化,本次选用了 GMS 软件中的 MODFLOW 模块对其进行研究,需要对其进行网格剖分操作。研究区总面积为 101. 114 平方千米,网格划分的操作将影响最终模拟的精度。为了保证数值模拟的精度,将研究区域划分为 145 行和 231 列的规则正方形网格(图 5 - 8),在垂直方向上共划分为 10 层,共划分为 334950 个规则网格,其中共 122463 个有效网格。

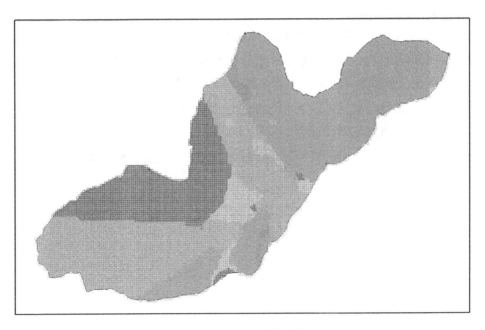

图 5 - 8 研究区网格剖分图

(二)模型的识别与校正

在 GMS 中,模型识别是建立可靠和准确的数学模型的关键步骤之一,也是系统动力学建模的核心之一。模型识别的主要目的是确定系统的结构、参数和动力学特性,并验证模型的可靠性和适用性,从而使模型能够更好地描述实际系统。

(三)模型识别原理

GMS 中模型识别的原理主要是基于系统动力学的理论和方法。系统动力学是一种描述系统行为的数学方法,它将系统看作是由多个相互作用的部分组成的整体,并通过建立微分方程或差分方程来描述系统的动态行为。在模型识别的过程中,我们可以利用系统动力学的方法来建立数学模型,并通过对模型的参数和结构进行估计和优化来提高模型的准确性和可靠性。同时,我们也可以通过对模型的仿真和对比来验证模型的适用性和可靠性。

地下水模型的识别是一项极为重要的工作,准确来说,本质上是对边界条件、水文地质参数或者对源汇项进行不断调整的过程,直至演示结果和实际结果达到预期效果。

早前 GMS 中进行模型识别过程需要人工手动不断调整参数以适配模型,使其达到预期效果,但 GMS 中 PEST(Parameter Estimation)模块的出现可以减少人工的操作,使识别过程更加简便、高效。PEST 是 GMS 中一个强大的参数估计工具,是一种基于反演理论的参数优化工具。它通过比较地下水模型的观测值和预测值之间的误差来确定最优的参数组合,以最大限度地提高模型的准确性和可靠性。PEST 模块可以自动调整模型参数,以逐步减小观测值和预测值之间的差距,直到达到预设的收敛标准为止。PEST 的主要作用是在模型识别的过程中,帮助用户对系统动力学模型中的参数进行优化和估计,提高模型的预测能力和可靠性。通过 PEST 的使用,用户可以更好地理解系统的行为,预测未来的趋势,并进行优化和决策。

(四)模型识别与校正

根据前面对研究区的概化等信息,将初始条件、边界条件、观测点等数据经过筛选、处理和分析后输入模型中。首先将处理完毕后的概念模型导入到 MODFLOW 中,检查并运行模型,对观测点的实际水位值和拟合值情况进行比较分析,然后使用 PEST 模块进行自动调参处理,以达到预期效果。

GMS 软件为 PEST 调整过程值的展示提供了直观的结果展示效果。在每个观测点上方都会存在一个误差条,如果误差条在目标值内,误差条颜色显示为绿色,若误差超过目标值但小于 200% ,则显示为黄色,如果误差超过 200% ,则显示为红色。图 5 – 9 为模型校正目标示意图。

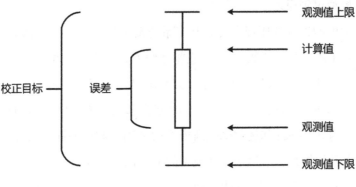

图 5 - 9　模型校正目标示意图

六、本章小结

本章在上一章节已收集整理数据的基础上,首先介绍了地下水数值模拟和数学模型的原理并构建了研究区数学模型,然后介绍了三维地质模型构建所需用到的模块以及采用 DEM 数据在 GMS 软件中对研究区构建地面 TIN 模型以描述该区域的地形地势,并依据钻孔数据构建了该区域的三维地质模型;概化研究区含水层特征以及边界条件,依据水文地质信息以及监测信息构建该区域的水文地质概念模型;详细介绍了研究区数学模型、三维地质模型、水文地质概念模型的构建过程以及模型的识别和验证,进而为数值模拟的分析提供可靠、有效的模型。

第六章　赣江尾闾河间地块地下水浸没影响数值模拟

第一节　研究区浸没影响研究思路

赣江尾闾综合整治工程研究区位于赣江冲积平原的地势低缓地区,对该地区的研究需要明确出现浸没现象的影响因素、影响对象、影响范围以及影响程度如何界定。

一、影响因素

水库浸没研究的影响因素是多方面的,包含地形地貌、地层岩性、补给径流排泄、降雨情况、气候特征、水库运行水位、水文地质条件、河道和水库的影响、人类活动的影响等。赣江尾闾综合整治工程研究区属于典型的二元平原结构,我们主要从地表水位变化以及地层结构两个方面入手,对其进行浸没范围研究。

(一)地表水位变化

地表水位变化伴随季节、气候的变化而动态变化。尤其是当地每年汛期多出现在4—8月,春夏两季降水量增加,地表水位上升,研究区内孔隙潜水和基岩裂隙水与赣江水利联系密切,丰水期接受赣江的补给,将造成水库水位持续高涨,出现年内高水位,即洪水水位,较易形成浸没现象。枯水期伴随着降水量减少,区域气候干旱,孔隙潜水和基岩裂隙水则排泄于赣江之中,使得地下水位呈现下降趋势,易出现年度最低水位,即枯水期水位。为研究地表水位的变化对水库库边区域的浸没影响,我们本次研究将选取年内洪水水位、天然情况下的稳定水位以及枯水期水位进行研究。

(二)筑坝高度

筑坝高度的选择与确定,将直接影响水库库容量以及水库运行水位,从而影响着丰水期与枯水期极限情况下对库边地区浸没灾害的影响范围和浸没灾害程度。筑坝后水库最终蓄水水位与库岸地下水位动态变化密切相关,是影响地下水位动态变化的主要原因。研究区地表水系发育,沟、塘、坑密布,地下水类型主要为孔隙潜水和基岩裂隙水两种类型。水库投入运营后,水库蓄水水位高于地下水位后,受地层岩性与地层结构影响,地下水位壅高,极易使库边产生浸没现象。

(三)地层结构

研究区内为典型的二元地层结构,上层为黏土地层,下层为砂砾层。主要考虑水库库岸的地层岩土厚度、透水性、岩土类型以及地层结构。岩土类型的透水性与水库浸没关系明显,若地层岩性多为砂性土或粗粒土,当水库蓄水位高于水库岸边地下水位时,则该地层岩性有利于浸没现象的发生。在地下水位埋深相同的情况下,砂性土或粗粒土透水性较强,极易造成土壤含水率过高甚至饱和,对农作物根系影响严重,浸没灾害严重。

二、影响对象

水库浸没常发生在每年的汛期,地表水位上升导致地下水位上升,发生浸没现象,研究区内常见影响主要包括以下三类:

(1)影响农作物与土壤:研究区内多为田地以及水塘,若发生浸没后,地下水位埋藏较浅的农田区域土壤中含水率过高,在蒸发的作用下,易出现土壤盐碱化,农作物根系处水分过多会导致根系溃烂,影响农作物正常生长进而导致减产。

(2)影响建筑物稳定性:发生水库浸没现象,会使得周边地下水位壅高,岩土浸润、含水率增高,影响岩土力学性质,使得建筑物地基载受力下降,极易出现建筑物墙体开裂、地基下陷、地面塌陷等危及建筑物安全的现象。

(3)影响地下建筑物:造成水库浸没现象,地下水位壅高往往会导致地下建筑物渗水、充水。

三、影响范围

研究区浸没影响范围大小的界定,必须找出不同地层结构下、在某个高度的地表水位的作用下,岩土透水性的变化情况。通过研究在此状况下透水性的变化,进而研究渗透距离以及渗透高度,从而预测浸没灾害的影响范围。

四、影响程度

为了定量分析河间地块受水库浸没影响的程度,且直观地以可视化的形式展示,本章采用临界地下水位埋深确定的形式来划分浸没等级,通过评价研究区地面高程、建筑物基础埋深、植物作物根系最大深度等来评价浸没情况。

第二节 地表水位变化数值模拟

一、地下水位预测

为了研究赣江尾闾综合治理工程河间地块浸没区浸没范围与水位变化之间的变化规律,我们分别选取了研究区枯水期水位、天然情况下稳定水位以及汛期水位对浸没区进行数值模拟研究。

根据研究区附近北支拉水闸和南支拦水闸的设计水位可知,赣江尾闾北支、南支拦水闸的设计水位为15.5米,因此选取该水位作为浸没评价的地表水位最高值,最低水位选为9.5米,中间水位选为11.5米。本次分别选取最大值、最小值、中间值作为研究区内设计水位、天然情况下稳定水位和枯水水位,对浸没区进行数值模拟分析,并模拟研究区在该水位影响下的地下水位变化(图6-1)。

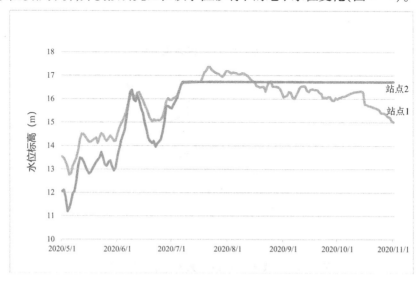

图6-1 赣江尾闾综合整治工程研究区建闸前水位监测图

依据上述构建的数值模拟模型以及确定的三种情况下的水位信息,分别对边界条件进行对应的修改之后,导入数据,计算出在拦水水位为 9.5 米、11.5 米和 15.5 米时研究区的地下水等水位图。

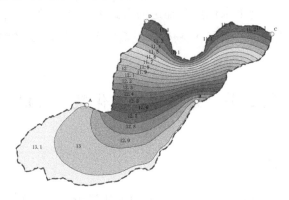

图 6 - 2   地表水位为 9.5 米时地下水等水位图

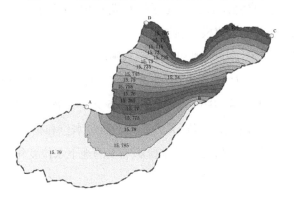

图 6 - 3   地表水位为 11.5 米时地下水等水位图

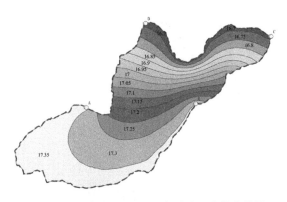

图 6 - 4   地表水位为 15.5 米时地下水等水位图

图 6 - 2、图 6 - 3、图 6 - 4 所示为当地表水位变化时,研究区内地下水等水

位情况。由图表结果可知,当地表水位抬升时,研究区内等水位线分布均为由东北区域朝西南方向递增,三种不同水位情况下,处于曲线 AB 段范围内的地下水位均处于较高值,曲线 BC、AD 方向地下水位递减。三种不同水位情况下,研究区详细等水位线数据如表 6-1 所示。

表 6-1　不同地表水位模拟结果等水位范围

地表水位(m)	等水位最小值(m)	等水位最大值(m)
9.5	8.20	9.14
11.5	9.71	9.79
15.5	12.75	13.37

二、数值模拟结果

图 6-5　地表水位为 9.5 米时数值模拟结果

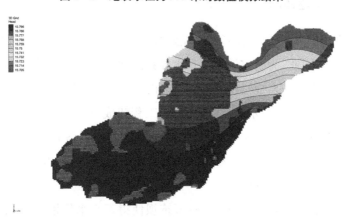

图 6-6　地表水位为 11.5 米时数值模拟结果

图6-7 地表水位为 15.5 米时数值模拟结果

图6-5、图6-6、图6-7所示为使用 GMS 进行数值模拟后,研究区在不同地表水位下,该区域的模拟结果。如图6-5所示,水位为9.5米时,该区域水被疏干,不存在淹没现象。图6-6所示研究区左下角靠堤坝一侧存在部分疏干地带,也是地势较高处,图中部分区域在地表水位11.5米时,已处于被淹没状态。图6-7所示研究区在地表水位为15.5米时,该区域存在部分被疏干情况,其余大部分面积皆处于被淹没状态。

第三节 筑坝高度变化数值模拟

一、地下水位预测

依据赣江尾闾综合整治工程的规划,该工程完成建设后,拟定将景观水位抬升4—6米。因此,为研究筑坝后蓄水导致的地表水位的上升,引发周边环境地下水位的抬升进而出现浸没现象,我们在近年来赣江天然稳定水位的基础之上,分别增加4米和6米水位,将其概化为工程建成后的正常蓄水位,并确保下游河道水位保持在天然稳定水位时,对原模型边界条件等进行调整,继续后续的数值模拟,对研究区内地下水位和浸没范围进行预测,模拟浸没区在该情况下的浸没范围以及受灾程度。

依据以上设计方案实施模拟,模拟筑坝使得蓄水水位抬升后,研究区内地下水等水位图(如图6-8、图6-9所示)。

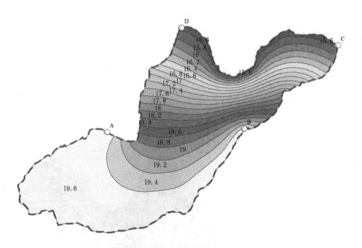

图 6-8　水位抬升至 15.5 米时地下水等水位图

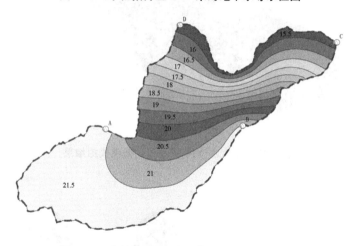

图 6-9　水位抬升至 11.5 米时地下水等水位图

从图 6-8、图 6-9 可以看出，蓄水位抬升至 11.5 米和 15.5 米时，等水位线依旧存在由研究区东北区域至西南区域逐渐递增的现象，并且在研究区内西南区域达到最大值。由表 6-2 可知，当水库蓄水分别抬升 4 米和 6 米时，模拟结果中等水位最小值分别为 9.8 米和 13.5 米，两者相差较小，而等水位最大值分别为 10.8 米和 14.5 米，两者差值接近水库蓄水位抬升差值。

表 6-2　筑坝导致水位高度变化模拟结果等水位范围

水位抬升后高度(m)	等水位最小值(m)	等水位最大值(m)
11.5	9.8	10.8
15.5	13.5	14.5

二、数值模拟结果

如图 6 – 10、图 6 – 11 所示,赣江尾闾综合整治工程完成建设后,筑坝导致水库蓄水位分别为 11.5 米和 15.5 米时,该研究区绝大部分已处于淹没状态。

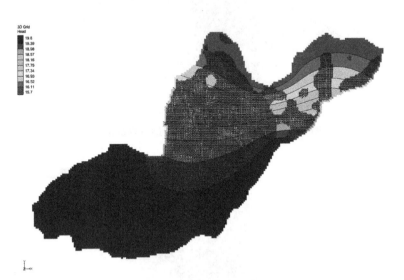

图 6 – 10　地表水位为 15.5 米时数值模拟结果

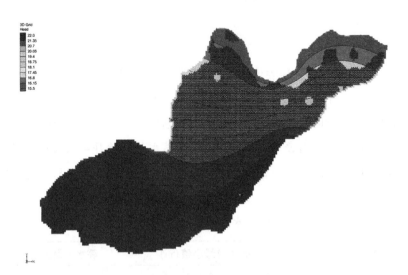

图 6 – 11　地表水位为 11.5 米时数值模拟结果

第四节　本章小结

　　本章在以上几个章节对研究区构建模型基础之上,通过不同影响因素对河间地块地下水位进行模拟预测,主要从不同地表水位以及不同筑坝高度两个方向着手,分别选取研究区枯水期水位、天然情况下稳定水位和汛期水位三种不同地表水位情况,以模拟预测三种特殊水位场景下的结果;选取水库蓄水位分别为11.5米和15.5米,以模拟预测筑坝高度在4—6米时研究区域地下水位的变化情况。结果表明,在枯水期时,研究区内出现大面积疏干的现象;在天然情况下稳定水位和汛期水位,研究区内出现较大面积的淹没现象;当赣江尾闾综合整治工程完工投入使用后,研究区内几乎全域都将处于淹没状态。

第七章 河间地块地下水浸没影响评价

一、水库浸没标准

(一)水库浸没判别公式

水库浸没标准是指在水库正常蓄水位下,地下水对土地、建筑物、道路和各种农作物的安全埋深深度,即出现浸没现象时地下水临界埋深深度。如果壅水后的地下水位达不到临界埋深深度,则不会出现浸没;若超过临界埋深深度则该区域会受到浸没影响,从而对该区域土地、农作物、建筑物等产生影响。

某区域是否属于浸没区,要根据区域临界埋深深度数值与该地地下水位埋深之间的关系来确定。当研究区某区域地下水埋深 H_{wd} 小于等于该区域浸没地下水临界埋深时,即如公式(7-1)所示成立时,则该区域便被认定为浸没区域。由下列公式可知,浸没区内的地下水临界埋深受某点地下水位高程 H_{uw}、地下水位以上毛细水上升高度 H_k 和安全超高值 ΔH 直接或间接的影响。具体关联如下所示:

$$H_e - H_{uw} = H_{wd} \leqslant H_{cr} = H_k + \Delta H \tag{7-1}$$

其中:H_e 为某点地面高程(m);H_{uw} 为某点地下水位高程(m);H_{wd} 为某点地下水埋深(m);H_{cr} 为研究区浸没地下水临界埋深(m);H_k 为地下水位以上毛细水上升高度(m);ΔH 为安全超高值(m)。

(二)毛细水上升高度

毛细上升高度是毛细现象的具体表现,毛细现象是由弯液面力引起的,而弯液面力是具有表面张力的液面在弯曲时产生的。当液面弯曲时,液面边缘部分作用于液面中心部分的表面张力,不会位于同一个平面上,所以它必然有一个合力,这个合力使水分子产生运动,最后达到平衡,这个合力就是弯液面力,也叫毛细力。

人们通常用毛细力计算公式来确定结果与实际偏差(尤其是黏性土)。对于砂土而言,毛细力与毛细上升高度是相同的,但对黏土而言,由于孔隙中的水有结合水,具有抗剪强度,因此,与黏性土中承压水位不等于含水带厚度的原理相同,毛细力也不等于毛细上升高度,两者之间的关系为:

$$H_k = P_k(I_0 + 1) \tag{7-2}$$

式中:H_k 为毛细水上升高度;P_k 为弯液面力;I_0 为水力起始梯度。

以往的研究表明,毛细上升带是接近饱和的,可以通过野外测定土的含水量状态,从含水量变化曲线来确定。这种确定 H_k 的图解法,对于砂土或分选性差的土比较适合,因为这些土中水分分布呈阶梯状。

在此前提下,我们给出地下水毛细水上升高度的操作定义——地下水毛细上升带顶部明显湿润的界面到潜水面的距离。它比理论定义"在毛细力作用下,水沿着土中微细孔隙上升的最大高度"更直观,更容易让人们把握和操作确定。

有了操作定义,人们就可以按照一定的程序和技术要求进行活动。确定 H_k 的程序,野外取土样,测定不同深度土壤的天然含水率 Q_w 或饱和含水率 S_w,绘制 Q_w、S_w 与深度 Z 的关系曲线,然后用图解法确定。

根据以上论述,我们先后在赣江尾闾综合治理工程河间地块采用洛阳铲取土、钻探、坑探和槽探的方法,对典型地层剖面开展了不同层次含水率的测试。野外工作具体选点如表 7-1 所示。

表 7-1　赣江尾闾取样工作具体部署

序号	区域	坐标		野外编号	备注
		经度(E)	纬度(N)		
1		116°3′37.93″	28°48′56.72″	BJM01	洛阳铲取土
2	赣江尾闾综	116°3′2.61″	28°48′53.87″	BJM02	洛阳铲取土
3	合治理工程	116°4′15.97″	28°48′39.10″	BJM03	洛阳铲取土
4	河间地块	116°4′19.68″	28°49′18.71″	BJM04	洛阳铲取土
5		116°4′39.06″	28°49′4.49″	BJM05	洛阳铲取土

毛细水上升高度 H_w 的确定,将影响该区域地下水临界埋深,进而影响该区域浸没区范围影响评价。对研究区选取 5 个点位进行试验,试验过程如图 7-1 所示。

如图 7-2 所示为含水率与深度的关系,通过图解法获得地下水临界埋深,具体分析如下:

从图 7-2(a)中可以看出,取样孔 BJM01 的潜水面到毛细水上升高度顶水板的间距 H_k 约为 0.8 米。

(a)洛阳铲取样　(b)坑探取样　(c)室内称重　(d)部分样品　(e)测含水率　(f)数据记录

图7－1　实验过程

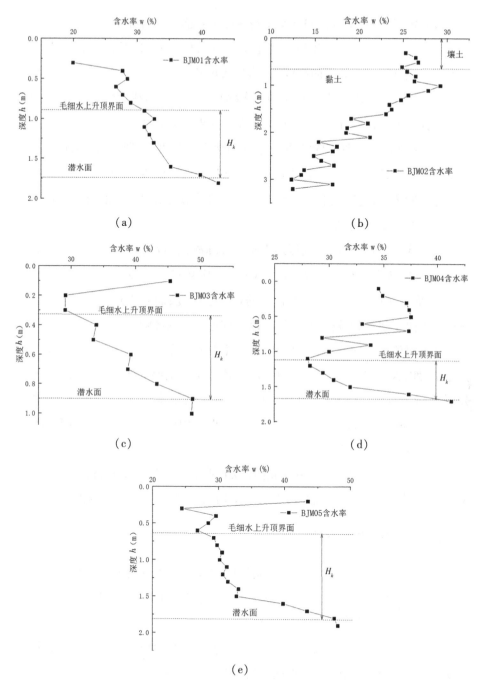

图 7 - 2　赣江尾闾综合整治工程含水率与深度关系曲线

图 7 - 2(b) 中钻孔 BJM02 潜水面埋藏深度大于 3 米,地下水埋藏较深,含水率总体上随着深度逐渐变小,毛细水上升高度 H_k 无法通过含水率与深度关

系曲线确定,须另行根据饱和含水率与深度关系曲线进行确定。

图 7-2(c)显示钻孔 BJM03 壤土层厚度约 0.4 米,其下为黏土层,潜水面至毛细水上升高度顶界面的高度 H_k 约为 0.6 米。

图 7-2(d)为取样孔 BJM04 的含水率与深度关系曲线,野外调查表明其壤土厚度为 0.8 米,潜水面至毛细水上升高度顶界面的高度 H_k 约为 0.5 米。

图 7-2(e)为取样 BJM05 的含水率与深度关系曲线,野外调查表明其壤土厚度约 0.6 米,潜水面至毛细水上升高度顶界面的高度 H_k 约为 1.0 米。

综上所述,研究区内的毛细水上升高度取其最大值,故 H_k 取值为 1.0 米。

(三)安全超高值的选定

由公式(7-1)可知,研究区地下水临界埋深大小需要确定毛细水上升高度 H_k 和安全超高值 ΔH。安全超高值 ΔH 的选定依照对农业和建筑物可分为两类,对于农业来说,ΔH 值即为农作物的根系层厚度;而对于建筑物而言,ΔH 的取值则取决于建筑物载荷、基础形式以及砌置深度的影响。

通过对研究区内的调查,区内农作物主要有水稻、油菜、玉米、豆类和蔬菜,耕地主要以水稻和油菜为主,部分区域种植蔬菜。主要农作物的根系厚度情况分别为:水稻为 0—0.3 米;油菜为 0.4—0.5 米;玉米为 0.8—1.0 米;豆类为 0—0.8 米;蔬菜为 0.5—0.8 米。研究区内居民楼房一般为 1—3 层砖混结构建筑,基础埋深 1.0—1.5 米。

综上所述,对农作物而言安全超高值 ΔH 取最大值 1.0 米,建筑物安全超高值 ΔH 取其最大值 1.5 米,以此评估研究区域受浸没影响范围以及浸没程度分区。

二、水库浸没程度分区

水库浸没程度分区方法是依据实测区域地下水埋深与研究区浸没地下水临界埋深的差值来判别。依据浸没影响评价标准,水库浸没程度可以分为三类:未发生浸没区、轻微浸没区以及严重浸没区。

(1)当 $H_{wd} > H_{cr}$ 时,由于研究区内某点地下水埋深大于地下水临界埋深,故未发生浸没现象,即当前地下水埋深暂未达到对研究区内农作物、地基或道路造成影响的程度。

(2)当 $H_k < H_{wd} \leqslant H_{cr}$ 时,地下水位埋深大于毛细水上升高度而小于地下水临界埋深,被定义为轻微浸没区,即此时地下水位会对区域范围内造成或多或

少的浸没灾害,应当做好相应的预防措施,防止其危害性进一步加强。

(3)当$H_{wd} \leqslant H_k$时,由于此时地下水位埋深已经高于毛细水上升高度,此时对区域范围内的浸没影响最为严重,若地下水位埋深长时间处于该状态,将会导致土壤中含水率增大甚至处于饱和状态,区域范围内农田中的农作物根系将出现腐烂现象导致农作物大量死亡,以致农作物减产;会影响建筑物地基、道路根基,可能出现地面塌陷、裂缝等情况。

再依据水库浸没判别公式(7-1)所示关系,结合试验获取的毛细水上升高度和安全超高值,并结合以上分析,确定地下水临界埋深如表7-2所示:

表7-2　研究区内地下水临界埋深

浸没程度	浸没条件	地下水临界埋深(m)	
		农作物	建筑物
未浸没	$H_{wd} > H_{cr}$	$H_{wd} > 2.0$	$H_{wd} > 2.5$
轻微浸没	$H_k < H_{wd} \leqslant H_{cr}$	$1.0 < H_{wd} \leqslant 2.0$	$1.0 < H_{wd} \leqslant 2.5$
严重浸没	$H_{wd} \leqslant H_k$	$H_{wd} < 1.0$	$H_{wd} < 1.0$

由公式(7-1)可知,$H_e - H_{uw} = H_{wd} \leqslant H_{cr}$,某点地下水埋深$H_{wd}$受某点地面高程$H_e$和某点地下水位高程$H_{uw}$影响,即判断某一地点的浸没程度需要获取其地面高程和地下水位高程以便获取研究区的地下水埋深,从而依据判别公式原理划分出浸没分区。如图7-3所示为研究区内的等值线图。

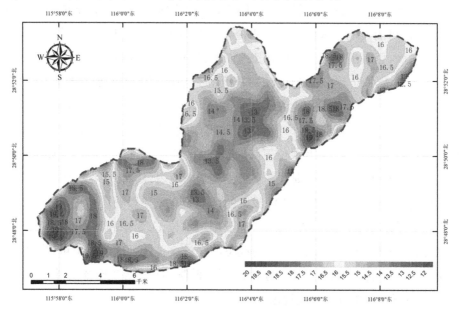

图7-3　赣江尾闾综合整治工程研究区等值线图

三、研究区土地利用类型

对赣江尾闾综合治理工程研究区开展浸没影响评价,需要了解该区域的土地利用类型,因为土地利用类型是决定水文水资源的一个重要因素,对于水文过程和生态环境具有重要的影响。

对研究区进行调查后,只发现建设用地、耕地和水域三种土地利用类型,而没有发现草地、林地和未利用地。这是因为研究区域属于典型的江河洼地地貌,土地利用类型主要受到地形和水文条件的影响。赣江尾闾研究区主要由河流、湖泊和洼地组成,河流、湖泊和洼地上的土地被广泛用于耕种、城市建设和农村居住。由于该区域地势低洼、河网纵横、土地资源相对有限,草地和林地等自然植被类型的土地利用相对较少,而未利用地更是几乎不存在。

综上所述,由于受到地形和水文条件的影响,土地利用受到限制,因此赣江尾闾综合治理工程研究区内只有建设用地、耕地和水域三种土地利用类型。研究区内耕地面积占研究区总面积的 86.2%,建设用地占总面积的 4.4%,水域占 9.4%。

四、地表水位变化浸没影响评价

地表水位变化可以对浸没区范围产生重要影响。浸没区是指地面以下的区域,它们可能被地下水位或地表水淹没。当地表水位上升时,浸没区的范围可能会扩大,因为地下水会被抬升到地面上,引起地表水位升高。

如果地表水位上升到地面上,可能会导致地面积水或洪水的形成,这会造成更大的浸没区域。此外,地表水位升高还可能会导致土壤饱和,这可能会引发土地沉降或滑坡等问题。这些问题可能会对附近的人们和生态环境系统造成负面影响。反之,当地表水位下降时,浸没区的范围可能会缩小。如果地表水位下降到低于地下水位,则地下水可能会流向地表,从而减少浸没区的大小。

因此,地表水位的变化对于浸没区的范围具有重要影响。在进行数值模拟时考虑到枯水期水位 9.5 米、天然情况下稳定水位 11.5 米和汛期水位 15.5 米的变化,可以更准确地模拟出不同情况下的浸没区范围。这些模拟可以帮助我们更好地了解水文环境的变化,为水资源管理、防洪减灾等工作提供科学依据。

(一)浸没范围以及浸没程度

对枯水期水位、天然情况下稳定水位和汛期水位三种不同水位情况进行数值模拟,依据水库浸没判别公式(7-1)以及水库浸没影响评价分区原理,研究区浸没范围预测如图7-4、图7-5和图7-6所示。

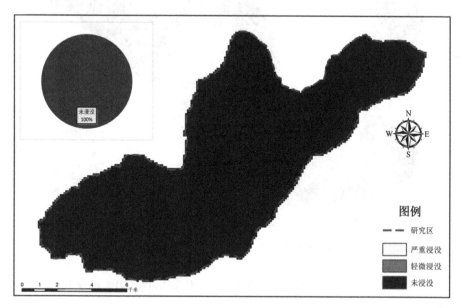

图7-4　地表水位为9.5米时研究区浸没程度分区

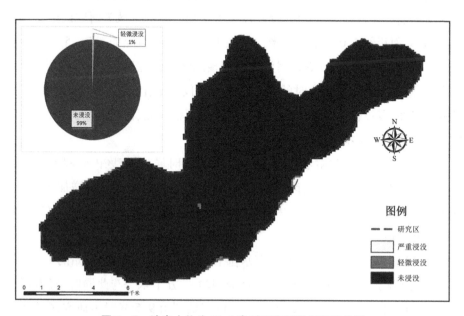

图7-5　地表水位为11.5米时研究区浸没程度分区

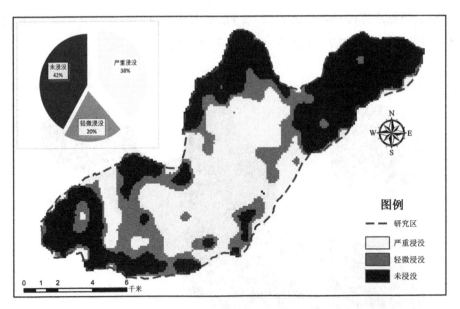

图 7 – 6　地表水位为 15.5 米时研究区浸没程度分区

由图 7 – 4 可知,当地表水位为 9.5 米时,研究区内 100% 的区域不受浸没影响。

当地表水位为 11.5 米时,严重浸没区域占研究区总面积的 1%,有 99% 的区域受到浸没灾害影响。其中,受浸没灾害最为严重的区域为研究区南支挡水枢纽局部,面积约 1.011 平方千米,浸没影响范围详细情况如图 7 – 5 所示。由地表水位为 11.5 米和 15.5 米时浸没范围预测结合研究区等值线图(图 7 – 3)可发现,两种不同地表水位时的等水位线在空间分布上,整体变化趋势具有一定的规律性,浸没范围和程度都是由研究区中部朝东北、西南方向扩张,与该区域地势起伏情况基本保持一致。

当模拟水位为正常蓄水位即水位为 15.5 米时候,研究区内受浸没影响范围增加到 58%,仅有 42% 的区域不受浸没影响,严重浸没区域则增加到 38%,其中未受浸没影响范围主要集中在研究区西南部以及西北部高地,局部位于研究区东北区域。

研究区内受浸没影响情况,随着水位上升,严重浸没区域由初始的 1% 增加到 38%,出现了骤增的现象,面积约为 38.424 平方千米。与此同时,轻微浸没区域先是由初始的 0 上升到 20%。未浸没区域则由 9.5 米时占研究区总面积的 100% 下降到 42%,呈明显下降趋势。研究区不同地表水位浸没影响范围面积以及各时期占比分析评价如表7-3所示：

表7-3　不同地表水位浸没影响预测评价表

浸没评价		水位为9.5 m	水位为11.5 m	水位为15.5 m
严重浸没	面积(km²)	0	0	38.424
	百分比	0	0	38%
轻微浸没	面积(km²)	0	1.011	20.223
	百分比	0	1%	20%
未浸没	面积(km²)	101.115	100.104	42.468
	百分比	100%	99%	42%

由以上图表以及不同地表水位浸没范围预测分析图(图7-7)可知,随着地表水位的上升,研究区内受浸没灾害影响的区域呈现上升趋势,严重浸没区域增加最为明显,随着地表水位上升而呈现出不断增加的趋势,轻微浸没区域呈现先上升后下降的趋势,而伴随着地表水位的上升趋势,研究区内未浸没区域则逐步减少。

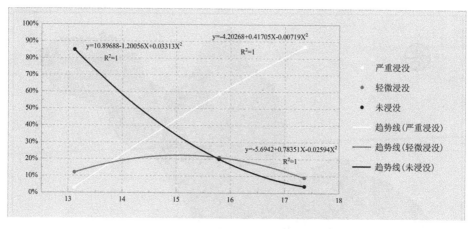

图7-7　不同地表水位浸没程度分区预测分析图

该情况的成因主要为地表水位升高导致地下水位抬升。伴随着地表水位的抬升,地表水位高程高于地下水位埋深高程,地表水入渗补给地下水,导致全区地下水位抬升,进而导致研究区内浸没区域随着地表水位的增加而出现扩大的趋势。

结合水库浸没判别公式以及毛细水上升高度的选定和安全超高值的选定可得知:当研究区内浸没灾害为轻微浸没时,暂未对研究区内农作物造成影响;而当浸没灾害现象升级成严重浸没时,由于该区域内测点地下水埋深小于该区域毛细水上升高度,并且在研究区内农作物根系最大深度只能达到1米的情况下,农作物根系将处于地下水浸没的状态下;若地下水位长期如此,则会引发农作物根系溃烂,造成农作物减产。

(二)浸没影响评价

图7-8、图7-9、图7-10分别为在不同地表水位场景下,地下水位变化对研究区内土地利用类型的影响。由上述研究可知,研究区内仅存在耕地、建设用地和水域三种土地利用类型。而研究区内耕地又主要种植水稻、油菜、蔬菜等,且由现场勘探、调查、实验已获取该区域毛细水上升高度数值和安全超高值,并依据水库浸没标准对研究区划分了水库浸没程度分区。现从浸没对各土地利用产生的灾害以及产生的受灾范围和受灾程度进行影响评价分析。

如图7-8所示,地表水位为9.5米时,研究区内耕地不受浸没灾害影响。占区域总面积4.8%的建设用地在该水位下亦不受浸没灾害影响。

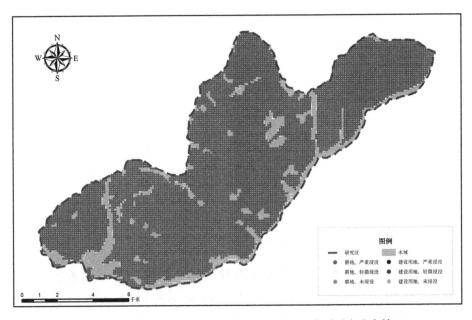

图7-8 地表水位9.5米时,研究区各土地利用类型受灾分布情况

如图7-9所示为地表水位上升到11.5米时,研究区内耕地受灾程度有所上升,区域内耕地受轻微浸没灾害影响面积占研究区总面积的0.1%。若地表水位长期保持在该水位,研究区内耕地受灾面积会增大,对农作物的生长以及农作物的产量将产生较为严重的影响。其中建设用地暂时未受影响。

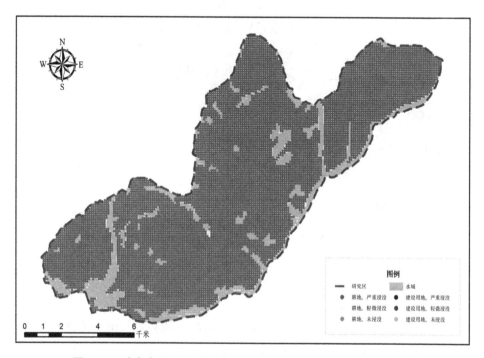

图7-9　地表水位11.5米时,研究区各土地利用类型受灾分布情况

图7-10为15.5米水位下,研究区内耕地、建设用地受浸没灾害影响程度以及分布情况。在汛期水位情况下,占研究区总面积39.8%的耕地区域不受浸没影响,轻微浸没程度的耕地区域为18.9%,严重受灾程度的耕地区域达到了36.5%,此时耕地受灾情况十分严重。伴随着水位的抬升,区内建设用地受灾程度也随之加强,建设用地中处于轻微浸没程度的区域上升到1.3%,处于严重浸没程度的区域也为1.3%,其余建设用地不受影响。此时浸没灾害对研究区内农耕、居民、基础公共设施等都有较大的损害。

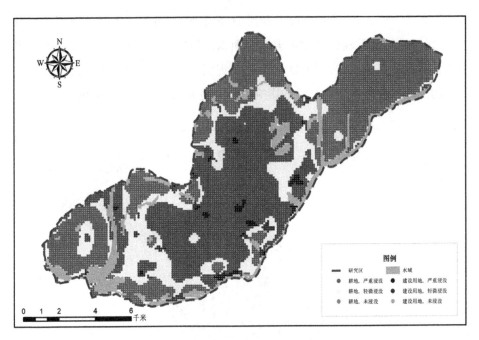

图7-10　地表水位15.5米时,研究区各土地利用类型受灾分布情况

五、地层结构浸没影响分析

根据研究区内勘探深度范围内黏性土、粗粒土的分布与组合关系分类,主要分为单层结构(Ⅰ类)、双层结构(Ⅱ类)及多层结构(Ⅲ类)。单层结构(Ⅰ$_1$)主要为表层黏性土不大于1.0米的单一粗粒土结构。根据上部黏性土厚度的不同又可将双层结构分为两个类型:第一类(Ⅱ$_1$类)为由上部厚度为1.0—4.0米的薄层黏性土和下部粗粒土组成的双层结构;第二类(Ⅱ$_2$类)为由上部厚度不小于4.0米的厚层黏性土和下部粗粒土组成的双层结构。根据堤基表层岩性及厚度的不同又可将多层结构分为两类:第一类(Ⅲ$_1$类)为表层粗粒土的多层结构;第二类(Ⅲ$_2$类)多层结构由表层厚度1.0—4.0米的薄层黏性土构成。

当地表水位高于堤内地面且持续时间较长时,Ⅰ$_1$、Ⅱ$_1$、Ⅲ$_1$、Ⅲ$_2$类结构类型堤基存在渗透变形(或破坏)的可能。

为了研究地层结构变化对研究区内浸没范围的影响,我们收集了研究区地质与水文地质资料、土壤物理性质数据,通过钻孔信息获取各钻孔所处地理位置、地层岩性以及厚度,但因研究区范围广阔,地层岩性和地层结构较为复杂,故对已采集的钻孔数据各地层信息进行概化处理,对每个钻孔取最上两层地层岩性进行概化处理并整理导入 GMS 中,以供分析河间地块地层结构变化对浸没范围的影响。

(一)河间地块承压含水层模型

若上层是渗透系数较小的黏性土层,下层是渗透系数较大的粗颗粒土层,在黏性土层钻孔勘探时会出现图 7-11 所示现象。黏性土起始水力坡降 I_0 可通过室内试验和野外试验测得,计算公式为:

$$I_0 = \Delta H / \Delta M \qquad (7-3)$$

式中:ΔH 为初见水位与稳定水位差(m);ΔM 是第一次测定水位时孔深含水层顶板深度(m)。

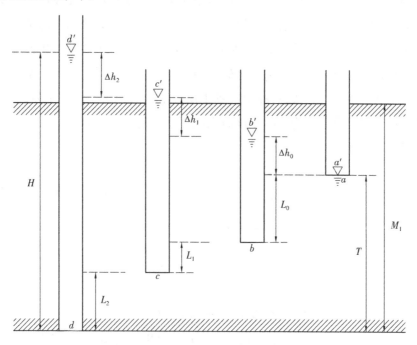

图 7-11　研究区黏性土层水位壅高示意图

当钻孔深度达到 a 点及初见稳定地下水位时,继续向下钻探距离分别为 L_0、L_1,地下水位分别上升了 Δh_0、Δh_1,直到钻孔穿透黏性土层到达 d 点时,即当钻孔深度加深到 L_2 时,地下水位抬升高度为 Δh_2,此时高度 H 为黏性土下层含水层的水位,显然:

$$\Delta h_0 / L_0 = \Delta h_1 / L_1 = \Delta h_2 / L_2 = (\Delta h_0 + \Delta h_1 + \Delta h_2)/(L_0 + L_1 + L_2)$$

$$= (H - T)/T = I \qquad (7-4)$$

由于黏性土层中地下水水位是稳定的,因此,$V=0$,代入表达式中可得 $I=I_0$,即推导出黏性土层中含水带厚度 T 为:

$$T = H/(I_0 + 1) \qquad (7-5)$$

式中:H 表示黏性土层下层含水层的水位;I_0 表示黏性土层起始水力梯度;T 表示弱透水层中的含水带厚度。

上述公式不适用于黏性土层厚度小于黏性土层下层含水层的水位,即 $M < H$ 时,应使用如下公式:

$$T = H - I_0 M \qquad (7-6)$$

研究区由赣江北支和赣江中支所包围,属于一个典型的二元结构的河间地块结构。该地区的含水层主要由孔隙水层和裂隙水层组成。孔隙水层主要分布在第四系沉积岩层中,包括砂砾层、砂层和黏土层。研究区内上部地层岩性主要为壤土、黏土、砂质黏土,其整体渗透系数较小,透水性较差。中部地层为渗透系数较大的粗粒土且下部为砾砂、圆砾等粗粒土岩土体,由于其常年处于高含水率状态甚至饱和状态,故上部黏土层底部为饱和状态的岩土体,可将其视为承压含水层模型结构。因此该研究区更适合使用承压含水层模型进行模拟(如图 7-12)。

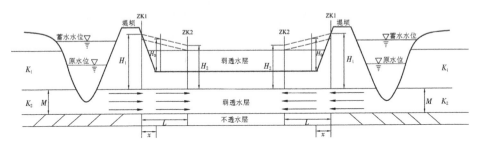

图 7-12 研究区承压含水层模型示意图

在水库进行蓄水前,通过钻孔勘探的方式,分别在坡脚处和距离堤坝 Lm 处钻穿黏性土层以获取黏性土层下层的承压水头 H_1、H_2,并得出计算单宽流量公式:

$$q = -KM \frac{dH}{dx} = KM \frac{H_1 - H_2}{L} \qquad (7-7)$$

水库蓄水水位抬升后,单宽流量保持原值,即 $\dfrac{dH}{dx}$ 保持不变,因此,水位抬升后,承压水头计算公式为:

$$H = H_1 - \frac{q}{KM}x = H_1 - \frac{H_1' - H_2'}{L}x \qquad (7-8)$$

式中：L、x 分别表示截面 ZK2—ZK1 任意截面距离堤坝坡脚的距离（m）；H_1' 表示水库蓄水前堤坝坡脚 ZK1 处的承压水头（m）；H_2' 表示水库蓄水前 ZK2 距离堤坝坡脚 ZK1 Lm 处的承压水头（m）；H_1 表示水库蓄水水位抬升后，堤坝坡脚 ZK1 处的承压水头（m）。

以黏性土层底板为计算基准面。将公式（7-8）代入公式（7-5）可得计算黏性土层中含水带的厚度公式如下：

$$T = H/(I_0 + 1) = \frac{H_1 - \dfrac{H_1 - H_2}{L}x}{I_0 + 1} \qquad (7-9)$$

将（7-8）代入公式（7-6）中可得如下公式：

$$T = H - I_0 M = H_1 - \frac{H_1 - H_2}{L}x - I_0 M \qquad (7-10)$$

（二）浸没影响分析

为充分了解研究区地层结构对其浸没范围的影响，遂从以下几个方向对地层结构进行分析：

（1）通过对研究区浸没范围平面分布特征、典型钻孔垂直方向浸没高度分布特征进行分析，并结合所取河间地块典型浸没剖面中地层结构特点，研究赣江尾闾典型河间地块垂直方向含水率变化、水位变化情况，最后根据理论计算和推测浸没的高度。

（2）通过对研究区地层结构进行进一步分析，分析地层结构在水位变化情况下，总结提出河间地块浸没分布的一般规律，并结合地下水位变化情况，与数值模拟结果校对，验证结果的可靠性。

依据已获取的钻孔数据以及相关地质资料，对研究区进行地层概化处理。其部分钻孔地层概化信息如表 7-4 所示。

表 7-4　研究区部分钻孔地层概化参数表

Name	经度（E）	纬度（N）	高程（m）	Solid	岩性	厚度（m）
BTK401	116°02′09.2″	28°48′12.4″	14.33	1	黏土	6.8
BTK401	116°02′09.2″	28°48′12.4″	7.53	4	粉细砂	0.4
BTK402	116°02′25.0″	28°47′55.5″	16.5	3	砂壤土	2.8

续表 7 - 4

Name	经度	纬度	高程(m)	Solid	岩性	厚度(m)
BTK402	116°02′25.0″	28°47′55.5″	13.7	1	黏土	2.2
BTK403	116°02′37.3″	28°47′42.3″	16.38	3	砂壤土	0.5
BTK403	116°02′37.3″	28°47′42.3″	11.58	4	粉细砂	2.7
BTK404	116°02′14.2″	28°49′24.2″	17.32	8	壤土	2
BTK404	116°02′14.2″	28°49′24.2″	15.32	1	黏土	5.2
BTK405	116°02′42.5″	28°49′04.6″	15.32	1	黏土	2.2
BTK405	116°02′42.5″	28°49′04.6″	13.12	4	粉细砂	5.7
BTK406	116°03′14.5″	28°48′42.1″	15.17	8	壤土	0.7
BTK406	116°03′14.5″	28°48′42.1″	14.47	2	砂质黏土	7.1
BTK407	116°03′37.6″	28°48′25.9″	16.42	3	砂壤土	3.3
BTK407	116°03′37.6″	28°48′25.9″	13.12	2	砂质黏土	4.9
BTK408	116°03′54.5″	28°48′16.0″	15.58	8	壤土	1.3
BTK408	116°03′54.5″	28°48′16.0″	14.98	4	粉细砂	3.9
……	……	……	……	……	……	……
BTK418	116°04′36.5″	28°50′10.1″	14.71	8	壤土	0.7
BTK418	116°04′36.5″	28°50′10.1″	14.01	2	砂质黏土	7.5
BTK419	116°04′51.7″	28°49′57.9″	15.58	8	壤土	1.5
BTK419	116°04′51.7″	28°49′57.9″	14.08	2	砂质黏土	7.9
BTK420	116°05′12.3″	28°49′37.9″	16.51	8	壤土	1.5
BTK420	116°05′12.3″	28°49′37.9″	15.01	2	砂质黏土	9.5
BTK421	116°04′48.5″	28°50′30.0″	15.25	1	黏土	8.8
BTK421	116°04′48.5″	28°50′30.0″	6.45	5	中粗砂	4.2
BTK422	116°05′07.6″	28°50′12.4″	15.66	3	砂壤土	1.5
BTK422	116°05′07.6″	28°50′12.4″	14.16	1	黏土	7.1
BTK423	116°05′20.6″	28°49′54.6″	16.17	2	砂质黏土	4
BTK423	116°05′20.6″	28°49′54.6″	12.17	4	粉细砂	2

图 7 - 13 为赣江中支地表水位为 9.5 米时,赣江尾闾河间地块上浸没范围变化的数值模拟结果。

由图可知,在研究区的中部,当水位变化时,局部地点发生了严重浸没,严重浸没呈点状零星分布,严重浸没面积不到整个河间地块总面积的 3%;而轻微浸没除主要分布在河间低洼地带成片状分布外,在河间地块的西部有带状分布,轻微浸没面积约占整个地块面积的12%;在研究区的周边地势比较高的部位,显示未浸没,约占研究区总面积的85%。

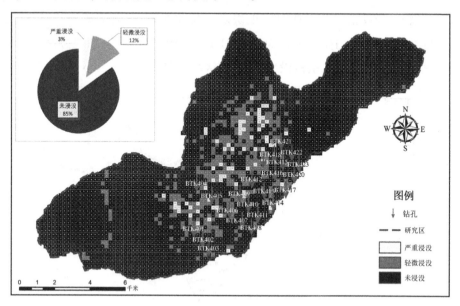

图7-13　地表水位为9.5米时,研究区浸没程度分区与钻孔分布

图7-14为赣江中支地表水位为11.5米时,赣江尾闾河间地块上浸没范围变化的数值模拟结果。

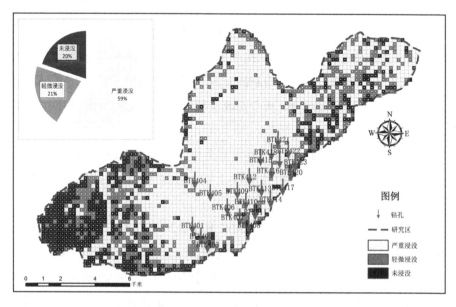

图7-14　地表水位为11.5米时,研究区浸没程度分区与钻孔分布

由图可知,当水位上涨后,严重浸没区由研究区的中部局部地点逐渐连成片,随后逐渐向四周扩散,最终严重浸没面积扩大到整个河间地块总面积的59%;而轻微浸没主要分布在河间地块东北角和西南角,局部成片状、带状分布,轻微浸没面积约占整个地块面积的21%;在研究区的西南端地势比较高的部位,仍然有部分地块未被浸没,约占研究区总面积的20%。

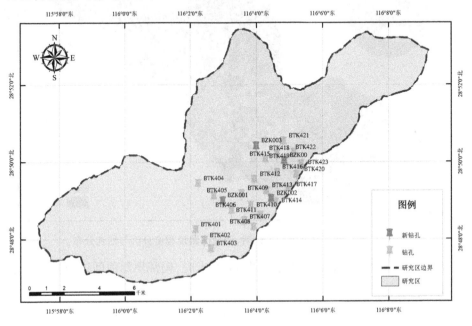

图 7 − 15　研究区新采集钻孔位置分布

为找出这种分布特征与地层结构的原因,考虑这两种不同地表水位浸没工况,基于研究区采集的钻孔信息绘制剖面图,结合图 7 − 14、图 7 − 15 的观察,以及结合研究区内地层岩性结构,从中选取三种不同地层结构剖面图对出现该现象的原因进行分析。

图 7 − 15 为 2022 年 12 月在研究区新采集的钻孔位置分布图,由研究区地理位置以及气候历史资料可知,12 月至次年 2 月赣江水位通常较低,有利于分析地层结构对地下水浸没的影响。

为此,我们分别在 BTK404—BTK408、BTK412—BTK414、BTK418—BTK420三种地层结构截面上采集了共四个钻孔数据,并绘制含水率图。

由钻孔位置分布图可观察到 BZK001 处于 BTK405—BTK406 之间,BZK002处于 BTK413—BTK414 之间。通过绘制含水率 − 深度分布图(如图 7 − 17、图

7－19)可知,BZK001、BZK002 含水率－深度关系曲线整体上较为相似,即含水率随钻孔深度的加深而减小。这主要是因为表层壤土中的浅表层地表水含量较大,而往下含水率越低,到 30 厘米左右含水率达到最低;随后地下水又逐渐增多,主要是受到地下水浸没的影响。现场开挖情况表明,BZK001、BZK002 所处地层也极为相似,上层为黏土层且厚度不厚,下层为较厚的粉细砂层。钻孔取样现场图如图 7－16、图 7－18 所示。

图 7－16　BZK001 取样现场图

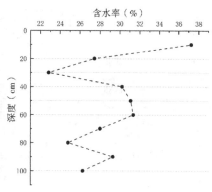

图 7－17　钻孔 BZK001 含水率－深度分布曲线

图 7－18　BZK002 取样现场图

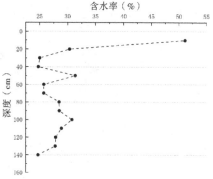

图 7－19　钻孔 BZK002 含水率－深度分布曲线

在剖面 BTK418—BTK420 上分别采集了 BZK003 和 BZK004 两钻孔,在该剖面上,两钻孔含水率－深度变化趋势也较为相似。首先伴随钻孔深度加深,含水率逐渐减小到一定数值,然后钻孔深度继续加深,含水率缓慢增加。该钻孔中上层为薄层壤土层,下层为较厚的砂质黏土,结合含水率－深度关系曲线可知,研究区在低水位时,该区域含水率也相对较高。BZK003 和 BZK004 钻孔深度分别达到 1.0 米和 0.9 米时,含水率分别为 42.5% 和 40% ,含水率较高且埋藏较浅。由于区内农作物主要有水稻、油菜、玉米、豆类和蔬菜,耕地主要以水稻和油菜为主,部分区域种植蔬菜。主要农作物的根系厚度情况分别为:水稻为 0—0.3 米,油菜为 0.4—0.5 米,玉米为 0.8—1.0 米,豆类为 0—0.8 米,蔬菜为 0.5—0.8 米。因此该区域不适合根系长度大于 50 厘米的农作物生长。该剖面钻孔取样现场图以及含水率图分别如下。

图 7 - 20 钻孔 BZK003 取样现场图

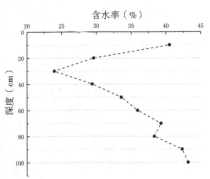

图 7 - 21 钻孔 BZK003 含水率 - 深度
分布曲线

图 7 - 22 BZK004 取样现场图

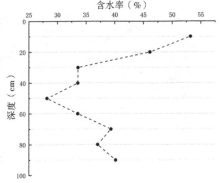

图 7 - 23 钻孔 BZK004 含水率 - 深度
分布曲线

研究区各钻孔地下初见水位高程、埋深以及地下稳定水位高程、埋深如图 7 - 24 所示,研究区内 BTK423 地下初见水位埋深最小为 0.8 米,BTK415 钻孔地下初见水位埋深为 4.0 米,为所取钻孔内埋深最深。研究区内地下稳定水位埋深多集中在 1.8—2.7 米,所取 23 个钻孔中有 69.57% 处于该范围。

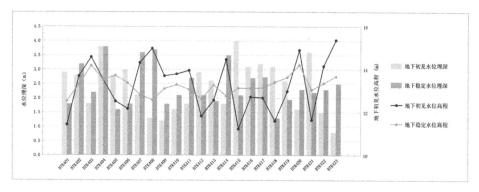

图 7-24　研究区各钻孔地下水位信息

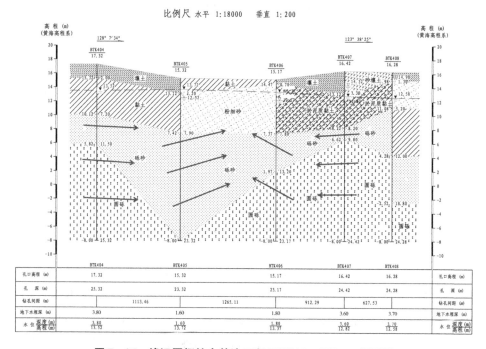

图 7-25　赣江尾闾综合整治工程 BTK404—BTK408 剖面图

　　首先在水位由 9.5 米上升到 11.5 时,观察钻孔 BTK404—BTK408 五个钻孔构成的剖面所在位置周围由原始的未浸没、轻微浸没变化为严重浸没,BTK404—BTK405 和 BTK406—BTK408 区间内还存在一些轻微浸没区域,而 BTK405—BTK406 之间均已为严重浸没区域。由图 7-25 可知,除钻孔 BTK404 中部存在厚度为 5.2 米的黏土层外,BTK405—BTK406 之间上层为厚度 2.2 米的黏土层，下面为 5.7 米厚的粉细砂，透水性能较强。BTK406—BTK408 之间上层分别为壤土和砂壤土，厚度分别为 0.7 米和 3.3 米，而下层皆为砂质黏土，含水率较高。在剖面 BTK404—BTK408 之间，只有 BTK404—BTK405 中的黏性土层较厚，具有较好的防渗性能。这一情况从图 7-24 所示地下水初见水位埋深亦可证明。

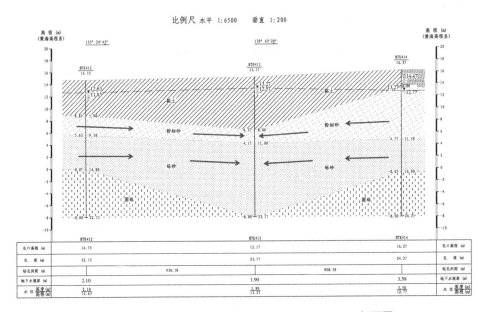

图 7-26　赣江尾闾综合整治工程 BTK412—BTK414 剖面图

如图 7-26 所示，剖面 BTK412—BTK414 所在断面在较低水位时，该区间所在位置几乎皆未发生浸没。BTK412—BTK413 区间内几乎未浸没，BTK413—BTK414 区间内在靠近 BTK414 处存在轻微浸没区域。在 BTK412—BTK414 区域内，上层为连续的黏土层，并且在 BTK412—BTK413 区间黏土层厚度由 5.9 米递增至 6.37 米，断面黏土层厚度均大于 4 米，由于黏性土层厚度较大，区域承压水未能刺穿黏土层，故在低水位时暂未出现浸没现象。而在 BTK413—BKT414 区间内，BTK413—BTK414 内黏土层厚度呈现递减的趋势，BTK413 钻孔内可见厚度为 8.8 米，而在 BTK414 钻孔内上层黏土层厚度仅为 3.0 米，并且下方是透水性能较好的粉细砂。

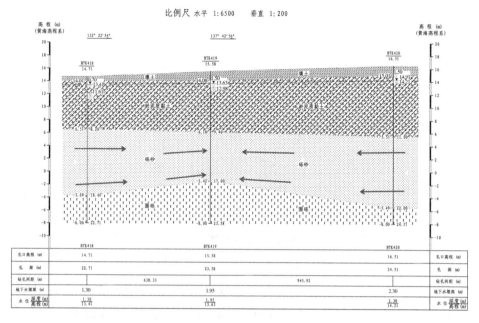

图 7 - 27　赣江尾闾综合整治工程 BTK418—BTK420 剖面图

图 7 - 27 所示的数值模拟浸没范围显示,BTK418—BTK420 截面区域在地表水位为 9.5 米时,暂未出现大面积浸没范围。当地表水位由 9.5 米抬升至 11.5 米时,未发生浸没灾害的区域由于地下水位抬升而发生浸没灾害。查看剖面图地层结构,可以看出该区域三个钻孔地层岩性基本一致且较为连续,厚度上也较为相近。该断面显示,上层皆是较为单薄的壤土层,厚度为 0.7—1.5 米;下层为较厚的砂质黏土层,厚度分别为 7.9 米和 9.5 米。

通过分析以上三种不同地层岩性的剖面所处地理位置的含水率以及水位情况,采取公式(7-9)所示关系,计算在地表水位变化时各钻孔在黏性土层中含水带的厚度,计算结果如表 7-5 所示:

表 7-5　各钻孔黏性土层含水带厚度计算结果表

水位(m)	BTK405	BTK406	BTK407	BTK408	BTK413	BTK414	BTK419	BTK420
9.5	3.94	4.03	4.09	4.13	4.96	5.04	7.58	7.37
11.5	4.72	4.81	4.88	4.92	5.95	6.03	9.15	8.95
15.5	5.19	5.27	5.34	5.38	6.53	6.62	10.08	9.87

图 7-28 所示为通过公式(7-9)计算的各钻孔黏性土层含水带厚度结果。

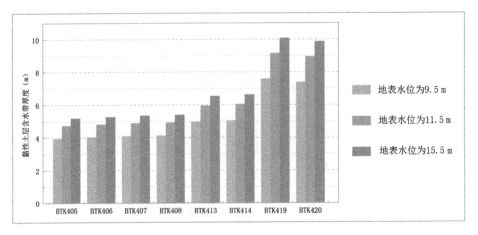

图 7 - 28　各钻孔黏性土层含水带厚度计算结果图

通过对研究区内不同地表水位下黏性土层含水带厚度的计算,可观察到在低水位情况下,BTK404—BTK408 截面内含水带厚度为 3.94—4.13 米;水位抬升至 11.5 米后,含水层厚度上升了 0.79 米。水位上升后,由于该截面黏性土层较薄且含水层厚度大于黏性土层厚度,该区域出现浸没现象,结果与数值模拟吻合。

剖面 BTK412—BTK414 在低水位时,含水带厚度为 4.96—5.04 米。在 BTK412 和 BTK413 钻孔中黏性土层厚度分别为 5.9 米和 8.8 米时,该区域未发生浸没,而当水位上升到 11.5 米后,含水层厚度增高为 5.95—6.03 米,因此,BTK412—BTK414 属于严重浸没区域,计算结果与浸没范围变化结果基本吻合。

剖面 BTK418—BTK420 在地表水位 11.5 米时,该区域含水带厚度计算结果为 7.37—7.58 米,并未达到研究区浸没地下水临界埋深。因此,如图 7 - 14 所示,该区域暂未出现浸没区域。当水位为 15.5 米时计算出含水带厚度为 8.95—9.15 米,由公式(7 - 1)所示关系计算可得知为严重浸没范围。

六、本章小结

本章首先依据现场调查以及实验所收集的数据确定研究区毛细水上升高度和安全超高值,随后以上一章节对研究区进行不同条件下数值模拟的结果为基础,将研究区模拟结果导出到 ArcMap 中进行处理,以获取更加精确的数据,依据研究区 DEM 数据提取出该区域的等值线图,并依据水库浸没标准将研究区按照浸没程度分成三种程度受灾区:未发生浸没区、轻微浸没区以及严重浸没区。调查研究区内土地利用类型,分析不同模拟条件下各土地利用类型的受灾程度和受灾面积,并结合不同地表水位、筑坝高度以及地层结构进行分析、评价以及验证。

(1)当地表水位由枯水期水位抬升为汛期水位时,浸没区由于地形地貌原因,地势呈现"中间低、四周高",中部最先成为严重受灾区域,且受灾程度最为严重。浸没程度和范围都是由研究区中部朝东北、西南方向扩展,与该区域地势起伏情况基本保持一致。

(2)伴随着地表水位的抬升,研究区内耕地范围进一步扩大,区域内农作物受灾程度进一步加大;该区域建设用地也随着水位的抬升,浸没区从水位为11.5米时仅有1%的区域到水位为15.5米时增加至58%,最高水位时全域内的建设用地有38%处于严重浸没程度分区内,受灾范围和程度也进一步加强。

(3)在研究区内取三种不同地层结构剖面,通过地层结构分析数值模拟浸没结果,结合河间地块承压模型对研究区进行计算,以对数值模拟进行验证。承压含水层模型计算所得剖面 BTK404—BTK408 含水带厚度为 3.94—4.03米,剖面 BTK412—BTK414 含水带厚度为 4.96—5.04 米,剖面 BTK418—BTK420 含水带厚度为 7.37—7.58 米。结果表明,承压含水层模型计算结果与数值模拟结果较为吻合。

第八章 基于 GMS 的赣江尾闾南支浸没区影响范围研究

第一节 研究区概况

一、地理概况

(一)地理位置

赣江抚河下游尾闾综合整治工程项目,在江西省南昌市境内启动运行,主要建设内容包括抚河下游尾闾综合整治工程、赣江下游尾闾综合整治工程,还有河湖水系连通工程。工程预期连通赣江、抚河、清丰山溪、赣抚航道、西总干等主要水系,连通象湖、青山湖等主要湖泊,形成"四纵三横"水系连通格局。

赣江作为贯穿江西省的河流,其在尾闾地区存在多条支流,由北至南可分为主支、北支、中支以及南支四条。本次研究对象选取工程中的赣江南支部分进行,赣江南支尾闾工程闸址位于南昌市五洲尾村以东约 500 米处。

根据研究区域高程,我们初步划分了浸没可能发生的范围,分为三个浸没区。赣江南支闸址附近左右岸经纬度范围为东经 116°13′6.8″至 116°9′42.9″,北纬 28°47′52.4″至 28°48′32.9″。

区域 I 为赣江南支左岸浸没区,面积约为 14 平方千米,浸没区影响范围主要为大成圩村、城头万家村和外范村,高程范围为 14—16.5 米;区域 II 为赣江南支右岸浸没区,面积约为 7 平方千米,浸没区影响范围主要为北舍村和下家旱村,高程范围为 14—15.5 米;区域 III 为赣江南支上游潜在浸没区,面积约为 7 平方千米,浸没区影响范围主要为杨家村、立新村和三洞湖村,高程范围为 13.5—16.0 米。

(二)气候条件

南昌市简称"洪"或"昌",是江西省的省会,属于亚热带湿润季风气候区。南昌处于我国第一大淡水湖——鄱阳湖的西南岸,区域内有赣江、抚河两大河流经过,有春秋两季短、冬夏两季长的特点。南昌虽然四季时间长短不同,但季节特征明显,季节分明,春季空气湿润,夏季炎热且多雨,秋季空气干燥、较为凉爽,冬季寒冷且少雨。南昌多年平均气温在 17 ℃左右,年平均降雨量超过 1600毫米,但年内雨量分布不均,降雨主要集中在汛期,4—6 月份降雨量接近全年降雨总量的一半。

　　由于雨量充沛,光照充足,适宜农作物生长,为农业生产提供了非常好的条件,故南昌也有"鱼米之乡"的称号。但由于处在季风气候区,每年的季风变化不同,气温条件也不同,也造成了一定的低温冷害和暴雨洪涝等气象灾害,给人们的生产生活带来了一定的不利影响。

　　2011—2022 年南昌市气象情况如图 8 - 1 所示。

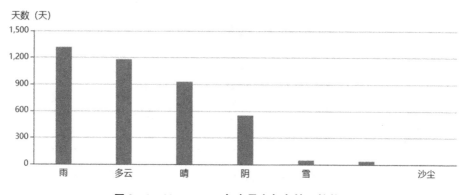

图 8 - 1　2011—2022 年南昌市气象情况柱状图

(三)社会经济

　　2017—2021 年,南昌市地区生产总值和居民消费价格指数如图 8 - 2、图8 - 3 所示。2021 年,南昌市地区生产总值增速为 8.7%,城镇居民可支配收入增长 7.8%,农村居民可支配收入增长 9.5%。主导产业的发展势头较好,电子信息产业包括电子信息服务业收入达到 2000 亿元。企业收入和效益不断提升。粮食生产稳中向好,保持连续 11 年粮食生产超过 42 亿斤。有数家农业企业入选中国农企 500 强,并且有 4 个省级现代化农业产业园在南昌创建。省级都市休闲农业品牌超过 100 家,其中国家级农业品牌超过 20 家。南昌大力推进脱贫攻坚成果的巩固和拓展,脱贫人口人均可支配收入不断增加,达到 17292元,较上一年增长 22.3%。数据显示,南昌的农业生产在社会经济中起到极为重要的作用,而拦水坝建成后会对地下水位造成影响,进而影响农作物的生产,因此对浸没范围进行预测研究是非常必要的。

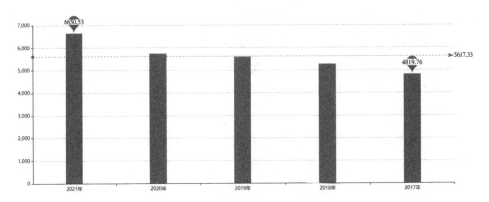

图 8-2 2017—2021 年南昌市地区生产总值柱状图

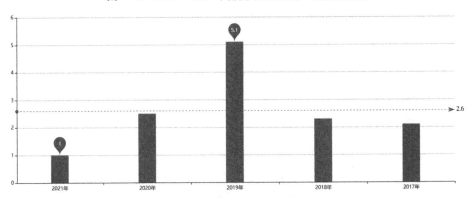

图 8-3 2017—2021 年南昌市居民消费价格指数柱状图

二、地形地貌

研究区位于赣江抚河尾闾地区,东北侧为我国第一大淡水湖——鄱阳湖,地势总体呈西北高、东南低的趋势。区域内呈现层状地貌特征,包括低山丘陵、岗地、平原,以赣江为界可以分为西北、东南两部分。赣江东南部主要为河流侵蚀堆积平原,河流分布密集,辫状水系发育。赣江西北部主要为剥蚀低山丘陵、岗地。

南昌市地处江西省中部偏北,属赣江、抚河下游冲积平原,濒临鄱阳湖,介于东经 115°27′—116°35′、北纬 28°10′—29°11′之间,全市面积 7195 平方千米。京九铁路从南昌经过,区内交通便利,铁路、公路四通八达。赣江流经市区,鄱阳湖可达我国黄金水道长江,航空运输发展迅速,有多条空中航线通向各地。南昌全境主要为平原,西北丘陵起伏,南北长约 112.1 千米,西部为西山山脉,最高点海拔为 841.4 米。

拟建赣江南支枢纽闸址位于赣江南支下游南昌县蒋巷镇五洲尾附近,近南支出河口处,上下两闸线直线距离约 0.45 千米。其主要建筑物从左至右依次为鱼道、左岸滩地过流段、池水闸、船闸及右岸连接段等。拟建闸址地貌单元为赣江下游尾闾冲积平原地貌,闸址左右岸分别为蒋巷联圩、红旗联圩,堤高一般为 6.0—7.0 米,堤顶高程分别为 21.8—22.1 米,堤顶宽为 8.0—10.0 米,中间为宽约 8 米的水泥路面。因河流冲刷作用,闸线右岸处于河淹凹岸处,冲蚀较严重,大部分已做抛石固脚处理,未见较大规模的泥石流、崩塌、滑坡等不良物理地质现象。

三、河流水系

赣江南支处于赣江下游冲积平原地区,全长约 45 千米。赣江是长江的主要支流之一,同时也是江西省最大的河流,在南昌开始进入尾闾,被扬子洲和裘家洲分成东西两江。赣江中支在朱港处开始流入鄱阳湖,途中经过大口湖;在礁矶头处赣江东河分为中支和东支,赣江南支是赣江东河最南面的一支,经过扬子洲头和礁矶头时分汊,赣江部分来水由南支承纳,还包括青山湖和艾溪湖的部分来水。南支经过滁槎,在程家池处注入鄱阳湖子湖中。

第二节 工程地质条件

一、地层岩性

闸址区揭露地层岩性(如图 8 - 4 所示)主要为第四系全新统冲积层、上更新统冲积层及第三系泥质粉砂岩,两岸堤防为人工填筑土,一般厚度为 6.3—7.7 米,由新到老分述如下:

(1)素填土:灰褐色或灰黄色,干燥或稍湿,松散或中密状,主要由黏性土、砂填土、砂类土以及部分碎石碎砖块等组成,多为堤身填土,一般厚度为 6.3—7.7 米。

(2)第四系全新统冲积层广泛分布于坝址区表层,一般上部为黏性土层,下部为砂类土层,底部高程基本在 9.74—15.16 米。

壤土:灰褐色或灰黄色,松散,稍湿,黏性一般,韧性较差,切面较粗糙,揭露

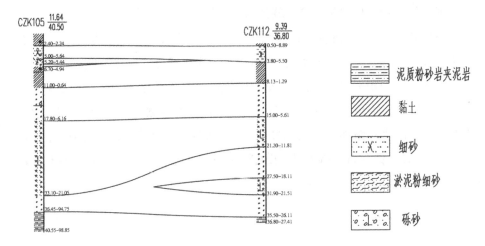

图 8-4　研究区域地层属性(钻孔 CZK105、CZK112)

层厚 0.3—5.9 米,层底高程 11.20—19.12 米,坝址区表层部分区域有分布。

砂壤土:灰黄色,松散,稍湿,黏性一般,摇振反应迅速,砂感明显,揭露层厚 0.2—3.7 米,层底高程 11.20—19.12 米。

黏土:灰褐色或灰黄色,可塑状,黏性好,韧性较好,切面光滑,揭露层厚 0.4—6.4 米,层底高程 9.74—15.16 米。

砂质黏土:黑褐色,饱和,软塑或流塑状,滑腻黏手,含有机质,具有腐臭味,局部含少量粉细砂或夹薄层粉细砂,揭露层厚 0.3—2.4 米,层底高程 12.00—14.53 米。

细砂:灰黄色,饱和,松散状,揭露层厚度 0.6 米,仅局部有分布。

(3)第四系更新统冲积层广泛分布于坝址区,多被第四系全新统冲积层覆盖。从上到下一般依次为黏土、细砂、中砂、粗砂、黏土、细砂及砾砂圆砾互层,局部夹砂质粉细砂。

黏土:灰黄色或黄红色,硬塑状,具网纹状结构,黏性好,韧性强,基本连续成层分布且与圆砾互层。

圆砾:灰黄色、灰白色及少数浅灰褐色,饱和,稍密或中密状。砾石含量基本大于 75%。母岩成分以石英砂岩为主,呈浑圆状,基本连续成层分布且与砾砂互层。

二、地形地貌与地质构造

拟建赣江南支枢纽闸址位于赣江南支下游南昌县蒋巷镇五洲尾附近,近南支出河口处,拟建闸址地貌单元为赣江下游尾闾冲积平原地貌。闸址左、右岸分别为蒋巷联圩、红旗联圩,堤内地势比较低洼,近堤脚处多有鱼塘分布。赣江南支蜿蜒曲折,此处河道较弯曲,滩地发育,河流经凹岸后至较顺直的闸址处,经东西向流经闸址,左岸蒋巷联圩外侧堤脚有一贯通上下闸线的沟渠,现为鱼塘。近堤脚处分布有因筑堤取土形成的鱼塘。因河流冲刷作用,闸线右岸处于河流凹岸处,冲蚀较严重,大部分已做抛石固脚处理,未见较大规模的泥石流、崩塌、滑坡等不良地质现象。

闸址区被第四系所覆盖,钻孔揭露岩层倾角约 5°—10°。钻孔中均未揭露断层构造迹象。本区自白垩纪末至第四纪以来,测区长期以隆起为主,除部分断裂有所活动外,地表一般处于相对稳定状态。现代地壳运动亦反映以缓慢的抬升为主,区域稳定性好。

三、水文地质特征

闸址区内地表水水系发育,地下水丰富。地下水主要有两种类型,即孔隙性潜水和基岩裂隙水。基岩裂隙水主要赋存于断裂破碎带和节理裂隙中,其赋存、径流及岩体的透水性受断裂构造、节理裂隙发育程度及充填状况、岩体风化程度和地下水补给条件控制,主要沿断层破碎带、风化强烈的节理裂隙密集带中形成富水带,受大气降水补给,排泄于盆地及河床。孔隙性潜水主要赋存于第四系覆盖层,上部以黏土、壤土、砂质黏土为主,透水性微弱,构成相对隔水顶板;下部分布有砂类土及圆砾等,含(透)水性好,为主要含(透)水层,水量较丰富,主要受大气降水补给,排泄于赣江,汛期则受赣江水侧向补给,具承压性质,下伏基岩为隔水底板。勘察期间地下水位高程为 9.96—17.35 米,高于相对不透水层底板,具承压性质,承压时地下水位还将抬高,承压水头更高。

四、闸址地质评价

根据钻探成果,闸址表层分布较厚的黏土,黏土下部分布有较厚的细砂砾砂及圆砾,具有较强的透水性,下伏基岩为第三系新余群泥质粉砂岩,根据钻孔压水试验,岩体具有微透水性。水闸及船闸的闸基主要坐落于细砂、中砂及圆砾层之上,且下伏黏土局部缺失,下部连续分布的厚层砂类土具有较强的透水性,防渗条件差,存在渗漏及渗透稳定问题。

闸线左岸为红旗联圩,堤身主要由黏性土夹薄层砂壤土组成,灰黄色、灰褐色为主,松散或稍密状,填筑质量一般,堤基主要由砂壤土及黏性土组成,其下有较厚的细砂、中砂、粗砂、砾砂及圆砾层连续分布,并与闸线地层相接;右岸为红旗联圩,堤身主要由黏性土夹薄层砂壤土组成,灰黄色、灰褐色为主,稍湿,松散或稍密状,填筑质量一般,堤基主要由黏性土组成,局部由砂壤土组成,其下有较厚的细砂、中砂、粗砂、砾砂及圆砾层连续分布,并与闸线地层相接;其中强透水的中粗砂层和砾砂石层,与河道连通,形成渗透通道;左、右两岸圩堤在鄱阳湖区防洪治理工程中对堤身、堤基出险段进行了防渗加固处理,但防渗均未进入岩面,仍可能存在侧向渗漏及渗透稳定问题。

第三节　地下水系统模拟

一、研究区范围划定

在对于水文地质的研究中,通常将独立的一个水文地质单元作为研究对象。水文地质单元是指一个完整的地下水循环系统和蓄水系统,是根据水文地质结构、岩石特性、含水层和不透水层的产状,结合水文和气象条件来进行划分的,而研究区域的边界,通常根据周边的河流、公路、湖泊等来进行概化。为了确定本次研究区域,我们查阅相关水文地质资料,结合现场调查数据,对研究区域进行划分。

本次研究区域是根据钻孔点的分布、周边河流及公路分布情况进行划分的,总体上划分为南北两个区域,均以赣江南支作为研究区的一条边界线。赣江南支流拟建坝址北部区域东侧为一条较小的河流,水位状况受赣江南支蓄水影响。北部区域的北侧和西侧各有一条公路,在五丰村处分叉,因此选定这三条边界作为本次研究区域划定的边界线。赣江南支拟建坝址南部区域的东部和西部各有一条公路,而在南部则是一条河流,因此选定这三个区段作为研究区的边界线。

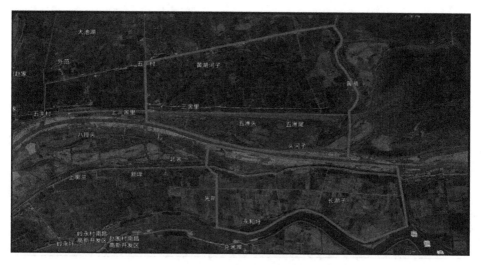

图 8－5　模型区域划定

二、含水层结构模型

(一)区域内地质情况

赣江尾闾南支闸址周边浸没范围主要分为南北两部分,其中北部靠近头河子与五洲尾,覆盖范围约为 7 平方千米,南部靠近长湖子和北舍,覆盖范围约为 7 平方千米。区域内地形平缓,属于冲积平原地貌。地层岩性方面,区内地势平缓,属于冲湖积平原,平均高程约 15.0 米,相对高差不超过 5.0 米。近堤处有较多鱼塘分布,左岸堤内地面高程一般为 14.0—15.0 米,塘底高程一般为 13.2—14.5 米;右岸堤内地面高程一般为 14.0—15.0 米,塘底高程一般为 13.5—14.5 米。

闸址区揭露地层岩性主要为第四系全新统冲积层及第三系砂质粉砂岩,两岸堤防为人工填筑土。周边地层最上层一般为黏土层,呈灰褐色或灰黄色,为可塑状且黏性好;第二层为细砂层,呈灰黄色或黑褐色,松散状,仅在局部有分布,第二层还包括淤泥粉细砂,呈灰褐色,软塑状且滑腻黏手,含有机质,具有腐臭味;最底层一般为砾砂,呈褐灰色或褐红色,砂为中粗砂,含量为 50%—55%,其余为砾石,呈圆棱角状,遇水扰动易垮塌。

根据钻探资料,研究区域面积较大且地层岩性较为复杂,但一些地层厚度不大,对浸没影响较小,因此在建立模型初期就应该将对模拟结果影响不大的区域进行概化,概化以后的地层要能够反映真实的水文地质结构,保证运算结果的准确性。根据钻孔剖面数据,将最上层定为黏土,第二层为细砂和淤泥粉细砂,第三层为黏土层,第四层为砾砂层,如图8-6所示。

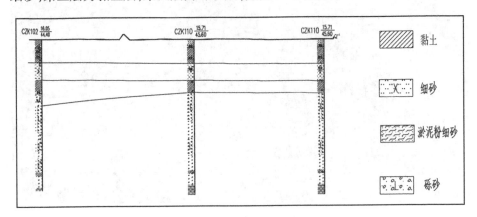

图8-6 赣江南支地区部分钻孔剖面图

(二)钻孔数据

钻孔数据是在野外钻探现场记录并整理的第一手技术资料,可以反映出区域内的地质情况。钻孔数据包括钻孔位置、钻孔深度、地层岩性、钻孔高程以及厚度描述等。钻孔经纬度及高程数据可以通过卫星图来确定,地层岩性和厚度的数据可以通过现场钻探得出,它们对于模型的生成起到直接或间接的校正作用。

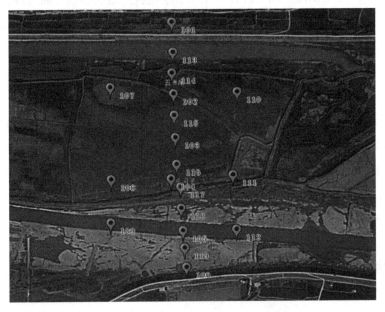

图8-7 赣江南支闸址地区钻孔分布图

(三)结构模型

在将钻孔数据导入 GMS 建立模型时,并不是直接应用,还需要进行人工处理或系统按照一定规则进行概化处理,才能参与建模。在进行模型编辑生成时,需要将经纬度坐标转换为 XY 坐标,建立一个 TXT 文件进行导入,从而确定在 GMS 中的相对位置。在 GMS 中钻孔数据支持直接导入和后期手动生成,为了建模时更加简便,提前对钻孔数据进行整理,对不同的地层进行编号,导入 GMS 中。

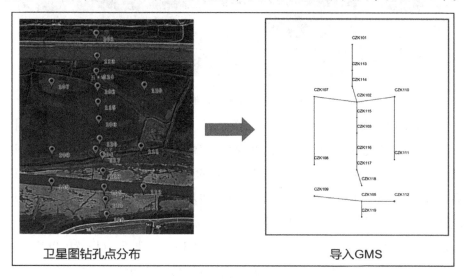

图 8 - 8 　钻孔点导入 GMS

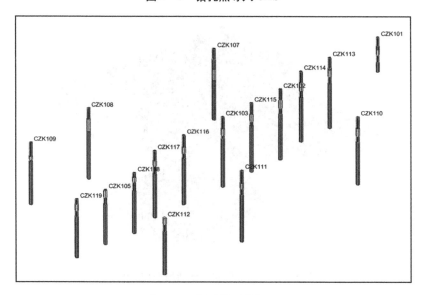

图 8 - 9 　钻孔模型斜视图

完成钻孔数据导入之后,就可以通过钻孔数据来形成剖面。为了验证模型的正确性,随机选择一个有现场钻探数据的剖面进行验证(图8-10),可以看到建立的模型剖面与实际情况基本符合。之后对每一个剖面进行检查,对于不符合工程实际的剖面进行调整,使之符合实际情况。

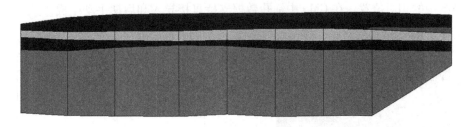

图8-10 某一钻孔剖面图

完成钻孔数据的录入和建立剖面图之后,在 GMS 菜单中建立一个新的图层,用于划定研究区域的边界。根据现场勘察数据和卫星图数据划定研究区域,在模型上绘出并生成 polygon,将生成后的 polygon 转化为 TIN 数据文件以后,利用软件自动生成地质实体文件 solids,初步完成模型建立。由于研究区域范围较大,如果采用原始图层比例会使得生成的地质实体文件不明显,因此在显示设置选项中将 Z 轴扩大五倍,同时打开 solid faces 选项,这样就可以清楚地查看到三维地质实体各个层的厚度和它们之间的关系(如图8-11、图8-12)。

图8-11 研究区三维地质模型(表层)

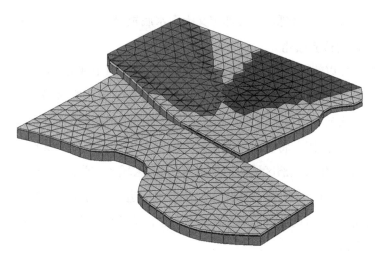

图 8 – 12　研究区三维地质模型（第二层）

三、模型概化

在进行水文地质模拟计算时,需要对运算条件进行概化。在导入钻孔模型时我们已经将地质分层进行了概化处理。本次模拟计算只针对潜水层,因此要求在垂直方向上的概化内容能够反映基本的地质分层,模拟区地下水符合质量守恒和能量守恒定律,剩余的概化内容包括边界条件概化、含水层概化以及参数分布等。

本次研究的内容为赣江尾闾地区建坝后蓄水对地下水位的影响,故不考虑降雨补给以及排泄的问题,并且由于区域内均为第四系冲积层,地层关系稳定,因此也不考虑参数分布问题。在 GMS 中将各层区分开以后,根据土样试验的结果对各层进行赋值。赋值内容包括水平渗透系数、垂直渗透系数以及孔隙率等。

（一）垂直边界概化

研究区中含水层上边界为区域内潜水层自由水平面,上边界的变化与区域内降水补给以及农田的灌溉排泄有关。因为本次研究内容主要为建坝后蓄水位抬高对地下水的影响,降雨补给及农田灌溉排泄对模拟运算影响不大,因此不考虑降雨补给及农田灌溉排泄问题,将降雨补给及排泄率设置为零。研究区地处鄱阳湖冲积平原,下层地层一般为砾砂层,由于降雨丰富,下层地层常年处于饱和状态,极少参与到地表水的交换循环中,与含水层上部水力联系不强。

因此,在本次模拟中将砾砂层底部定义为含水底板,将其概化为隔水边界。

(二)侧向边界概化

研究区域以赣江南支河流为分界线划分为南北两个部分,周边以河流或公路隔开。根据现场调查数据和卫星图数据可以划定出研究区域的边界(如图8-13)。本次研究内容为赣江南支蓄水后对周边区域的影响,主要影响因素为南支水位的变化,因此将南支河流概化为定水头边界。北部区域的西侧和北侧为公路,将其概化为北部区域的两个边界,北部区域的右侧为一条小河流,河流水位受南支蓄水位影响,将其概化为一条定水头边界。南部区域的东西两侧各有一条公路,因此将两侧公路概化为边界,这个区域的南部有一条河流,将其概化为一条定水头边界。

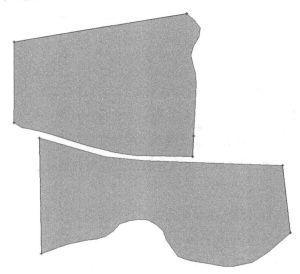

图8-13　模型边界图

模型边界条件概化后选定相应的弧线进行更改弧线类型,将河流边界的类型定义为定水头边界,根据水位情况赋予相应的定水头值,以公路为边界的弧线类型不进行定义。

四、数学模型

(一)地下水运动方程

在浸没范围及影响判定中,常以地下水埋深作为判定标准,计算地下水位通常用到地下水流运动方程中的达西公式:

$$Q = K \frac{\Delta H}{l} \omega \text{ 或 } v = \frac{Q}{\omega} = KJ \qquad (8-1)$$

式中:Q 为渗流量,$L^3 T^{-1}$;ω 为过水断面面积(L^2);ΔH 为渗流路径水头损失(L);l 为水力坡度;K 为渗透系数(m/d)。

在渗流场中,由于各向异性,各个点之间渗流的速度大小、方向可能不同,为了准确表示渗流场中液体的运动状态,需要结合液体运动时的质量守恒方程来进行计算。在达西定律和质量守恒定律的基础上,地下水运动的方程可以表示为:

$$\frac{\partial}{\partial x}\left(K_{xx}\frac{\partial h}{\partial x}\right) + \frac{\partial}{\partial y}\left(K_{yy}\frac{\partial h}{\partial y}\right) + \frac{\partial}{\partial z}\left(K_{zz}\frac{\partial h}{\partial z}\right) - w = S_s \frac{\partial h}{\partial t} \qquad (8-2)$$

其中 K_{xx}、K_{yy}、K_{zz} 分别代表渗流场中 x、y、z 方向上的渗透系数(LT^{-1});h 为水头(L);ω 为源汇项(T^{-1});S_s 是储水系数。

依据上述水文地质条件进行概化,在不考虑水的密度变化的情况下,三维模型含水层中地下水运动方程可以依照以下公式来进行描述:

$$\begin{cases} \frac{\partial}{\partial x}\left(K_x \frac{\partial H}{\partial_x}\right) + \frac{\partial}{\partial y}\left(K_y \frac{\partial H}{\partial y}\right) + \frac{\partial}{\partial z}\left(K_z \frac{\partial H}{\partial_z}\right) = 0, \\ H(x,y,z,t) \mid S_i = \varphi_i(x,y,z,t), (x,y,z) \in S_i, \\ K \frac{\partial H}{\partial n} \mid S_i = q_i(x,y,z,t), (x,y,z) \in S_i, \end{cases} \qquad (8-3)$$

其中 K_x、K_y、K_z 分别代表 x、y、z 方向上的渗透系数值(m/s);H 为潜水含水层水头值(m);$H(x,y,z,t)$ 表示三维渗流条件下边界段在某一时刻 t 的水头(m);$\varphi(x,y,z,t)$ 为边界段上的已知函数;q_i 表示单位面积的侧向补给量,为已知函数。

(二)含水层概化

研究区处于鄱阳湖冲积平原范围内,上覆土层为黏土,地下水埋深较浅,经现场钻探可知,地下水埋藏为 1—2 米。下伏主要地层为细砂层与砾砂层,其中砾砂层较厚,一般为 8—15 米,细砂层属于典型的上细下粗,厚度一般为 4—8 米。综合上述内容,研究区含水层主要属于潜水含水层,因此在计算模拟时,将研究模型概化为三维均质、稳定流、各向同性的潜水含水层。

(三)有限差分法

GMS 对于地下水渗流场的模拟计算是基于有限差分法来进行的。有限差分法是模拟地下水流运动和迁移常用的方法,其基本思想是将地层空间划分成许多小的网格,将每个网格中心点处的未知变量视为整个网格变量的平均值,网格变量的差商用微商来进行替代,通过转换,将整个区域未知变量连续分布的偏微分方程转换为有限个离散分布的代数方程组,然后对代数方程组进行求解,就可以得到任一时刻某一格点上未知变量的计算结果。

五、模型运算

在 GMS 的 map data 文件夹中新增一个边界图层文件,根据前面划定的边界区域选定弧段来更改边界类型(如图 8 – 14)。在进行侧向边界概化的过程中已经对边界进行了划分,复制划定的边界,更改弧线上点的类型,将划定边界的端点也作为弧线上的端点,然后更改弧线的类型,在此阶段先不赋予定水头值来进行模型的建立。

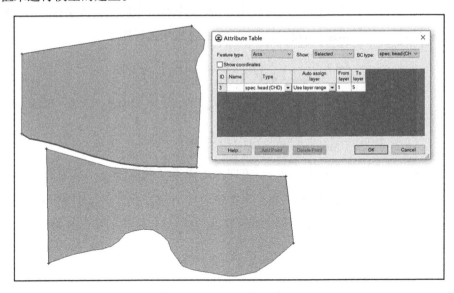

图 8 – 14　边界条件的设定

在 map data 文件夹下新建一个网格区域(如图 8 – 15),调整网格区域的大小与模型,注意网格顶部高程和底部高程与生成的 solids 保持一致,然后利用网格区域生成三维网格。模型的 XY 轴方向的网格数量根据需要计算区域的长度来确定,而 Z 轴方向的网格层数需要对地层进行划分后来确定。根据第三章中对于地层岩性的概化处理,按照 GMS 对于地层划分的方法将研究区域地质模型分为五层,此模型大小采用 $100 * 100 * 5$ 的大小格式(如图 8 – 16)。

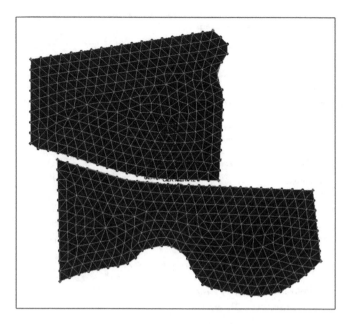

图 8 - 15　新建网格区域

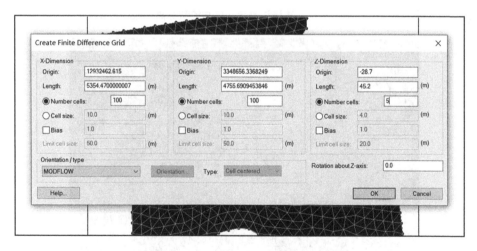

图 8 - 16　100 ∗ 100 ∗ 5 网格创建

网格模型生成之后就可以进行地下水渗流模型(MODFLOW)的建立了。首先新建一个 MODFLOW 文件,初始的水头值与模型标高一致(如图 8 - 17),这时会发现之前设置的定水头值导致所有地区全部被淹没,选择激活区域内的有效单元格,没有被使用的单元格就会从图中消除。

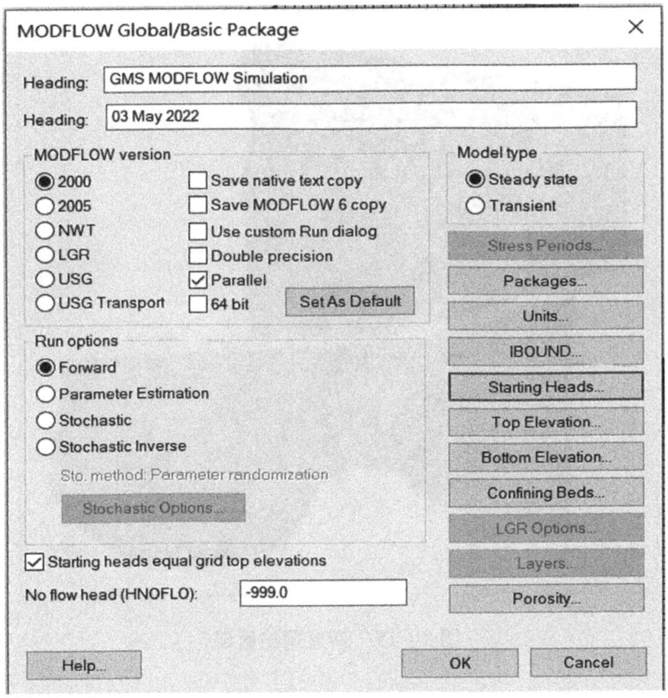

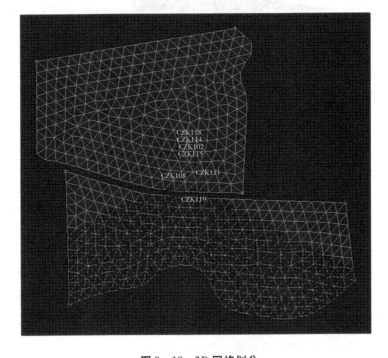

图 8 - 17　选择初始水头值与模型标高一致

图 8 - 18　3D 网格划分

如图 8 - 19 所示,可以看到在激活有效单元格以后,图中两区域河道部分仍有单元格存在,这是由于在进行 3D 网格创建(如图 8 - 18)时,网格是按照选择的区域均匀排列的,部分河道边缘的地层只占据了某一个单元格的一小部分,因此激活有效单元格后部分单元格仍出现在河道范围内。这种情况对模型运算的精确度的影响可以忽略,因此对其不做特殊处理。

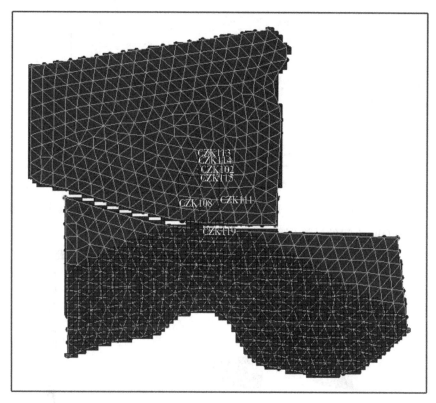

图 8 - 19　激活有效单元格

在生成 MODFLOW 模型后需要将各地层的渗透系数导入模型中进行模拟运算,因此需要选择 solids-modflow,将地层属性导入到建立的渗流模型中。根据剖面的地层关系,将地层分为五层,在地质实体文件(solids)中将每一层的所属地层范围改到对应划分的区间中,与生成的五层网格对应(如图 8 - 20)。为了防止第一层被疏干的情况,应该尽量将第一层最小厚度设置得大。

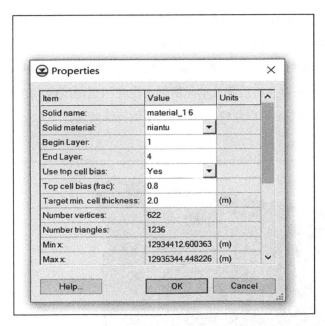

图 8 - 20　各地层模型与 MODFLOW 中网格匹配

利用 GMS 中的 Grid Overlay 和 Boundary Matching 两种方式可以实现 SOLID 与 MODFLOW 之间的转换(如图 8 - 21)。

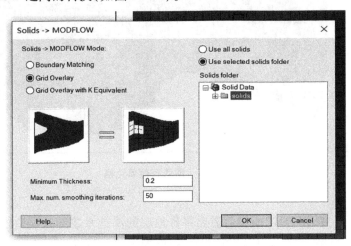

图 8 - 21　Solids 模型转入 MODFLOW

为了验证模型的准确性,查询水文资料选定水位来进行模拟运算,将钻探资料和数值模拟得到的值进行对比,以确定模型的准确性。

模拟数值与钻探资料差别不大,因此可以认为建立的模型具有一定的准确性。

六、地下水浸没范围预测

通过对建立好的模型对水头边界值进行更改来预测南支枢纽建立后水位抬升对地下水浸没范围的影响。查阅研究区域水文年鉴资料(表 8 – 1),赣江南支坝址附近水位除汛期外趋于稳定,枯水期月平均水位基本保持在 14.0 米以下,丰水期月平均水位基本保持在 18.0 米以上,年平均水位为 14.79 米。根据工程大纲要求,建坝后水位将抬升 1—2 米,因此,选定拉水闸蓄水位为 11.5 米和 15.5 米时进行浸没影响范围的预测。

表 8 – 1　赣江南支滁槎站水位表

月份	1	2	3	4	5	6	7	8	9	10	11	12
月平均水位 (m)	13.3	12.73	14.13	14.34	14.89	16.51	17.1	16.27	14.67	13.78	14.85	14.73
月最高水位 (m)	15.23	13.33	15.29	15.28	15.63	19.39	185	16.95	16.15	14.19	16.62	15.33
年统计	最高水位 19.39 m				最低水位 12.45 m				平均水位 14.79 m			

在上一小节中已经对划定研究区域的边界条件进行了更改,以河流为边界的弧段更改类型为定水头边界,以公路为边界的弧段不更改类型。现在对相应的定水头边界点赋予水头值来进行模拟运算,就可以得到蓄水位为 11.5 米和 15.5 米时,地下水浸没的影响范围(如图 8 – 22、图 8 – 23)。

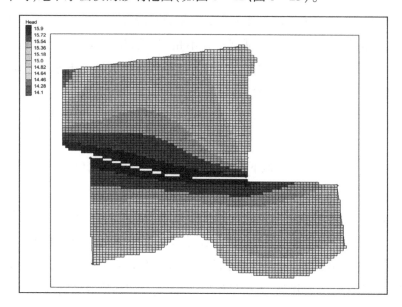

图 8 – 22　赣江南支水位 11.5 米时研究区地下水浸没范围

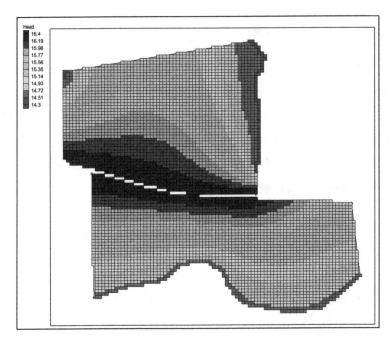

图 8 - 23 赣江南支水位 15.5 米时研究区地下水浸没范围

模型上显示了赣江南支建坝后蓄水位达到 11.5 米和 15.5 米时,经过模型预测的浸没范围。在两张图中相同的颜色代表的浸没高度并不相同,通过模型可以得出,靠近河道两侧的部分区域已有地下水位高度达到地表标高,部分范围会被水淹没。远离河道部分地下水水位呈递减趋势,两岸周边区域由于地层厚度、地形地貌状况的影响,递减规律并不相同。而相同区域在蓄水位不同时的地下水浸没范围变化规律相似。与河道相距较远的区域地下水位相对较低,初步判定可能会对农作物生产造成影响。

对于浸没的判定,通常可以采用临界地下水位埋深作为判定的条件。

$$H_{cr} = H_k + \Delta H \tag{8-4}$$

式中:H_{cr} 为浸没的临界地下水位埋深(m);H_k 为地下水位土壤毛细水带上升高度(m);ΔH 为安全超高值(m)。

通过对比区域内地下水位埋深和水库蓄水后区域内地下水上升高度的关系,可以对浸没进行判断。研究区表层土主要为黏土,厚度为 0.4—6.4 米。通过室内毛细水上升试验,可以得出平均毛细水上升高度为 1.2 米,因此取 H_k 为 1.2 米。研究区域为农耕区,有少量住房,因此安全超高值的确定以植物根系层为主,植物根系层厚度普遍为 0.5 米,因此取 $\Delta H = 0.5$ 米。当区域地下水位埋

深小于 H_{cr} 时,判定为浸没区,而当区域内地下水位埋深大于 H_{cr} 时,判定为非浸没区。通过对模型和卫星图像进行比较,可以划定出水库蓄水位为 11.5 米和 15.5 米时,研究区域的浸没范围。

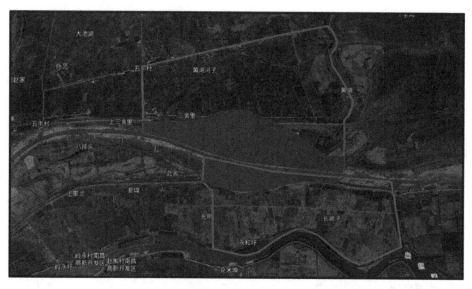

图 8 - 24　赣江南支水位 11.5 米时研究区浸没范围预测

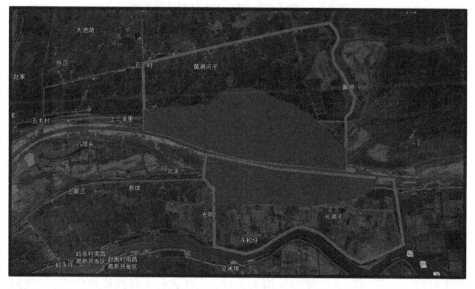

图 8 - 25　赣江南支水位 15.5 米时研究区浸没范围预测

当水库蓄水位达到 11.5 米时,研究区域浸没范围如图 8 - 24 所示。两浸没区以赣江南支河流为边界,北部区域东西向长度约为 3 千米,南部区域东西向长度约为 2 千米,总体浸没范围约为 3.8 平方千米。南北向呈弧状分布,其中北部浸没区中间部分向上凸起,边缘处浸没长度为西侧大于东侧,但相差不大,浸没面积约为 2.9 平方千米。赣江南支南部区域西侧浸没长度较东侧长,总体区域类似楔形分布,浸没面积约为 0.9 平方千米。

当水库蓄水位达到 15.5 米时,研究区域浸没范围如图 8 – 25 所示。两浸没区以赣江南支河流为边界,东西向长度相差不大,约为 3 千米,总体浸没范围约为 6.1 平方千米。南北向呈弧状分布,北部浸没区中间部分向上凸起,西侧边缘部分浸没长度较东侧略长,浸没面积约为 4.5 平方千米。赣江南支南部浸没区地下水位呈西高东低趋势,西侧浸没区长度较长,总体呈曲边三角形,东侧位于三角形一角,浸没范围约为 1.6 平方千米。

表 8 – 2　赣江南支水位 11.5 米浸没参数

区域　　　浸没参数	浸没长度(km)	浸没长度(km)	浸没区平均地下水位(m)	面积(km²)
北部区域	3	1.3	15.5	2.9
南部区域	2	0.7		0.7

表 8 – 3　赣江南支水位 15.5 米时浸没参数

区域　　　浸没参数	浸没长度(km)	浸没长度(km)	浸没区平均地下水位(m)	面积(km²)
北部区域	3	1.7	15.8	4.5
南部区域	3	1		1.6

根据 GMS 建立模型调整边界条件后计算得出地下水位分布,得到在水位达到 11.5 米和 15.5 米时的浸没范围。浸没范围变化的主要原因为赣江南支蓄水位变化,从而引起地下水位埋深发生变化,当地下水位埋深降低到一定范围时,就会引起浸没问题。以赣江南支作为分界线,北部区域浸没呈弧状向北扩散,此区域的西部边界为公路,周边池塘分布较为密集,东部边界下半段为公路,上半段是一条小河。受边界条件影响,在赣江南支建坝后蓄水位上升时,会产生浸没。由于两侧下半段边界均为公路,对地下水不起到补给作用,因此河流蓄水位上涨后对边缘区域浸没较中间部分不明显,浸没区域呈现为弧状扩散,中间略微凸起。赣江南支南部浸没区包括拟建坝址上游和下游两部分,与以河流为边界的定水头不同,分为坝址上游和坝址下游两段。区域西部以公路

为边界,因此概化过程中认为西部边界对地下水不起到补给作用。浸没区呈曲边三角形,东部一角形成原因是在蓄水后,闸址上游水位升高,对上游区域地下水位埋深影响较大,下游水位变化较小,对下游区域地下水位埋深影响不大,因此赣江南支南部区域浸没范围以闸址上游为一条边界,向周边扩散,最后呈现为曲边三角形分布。

第四节　本章小结

一、浸没影响因素

目前国内外对于水库周边浸没范围的影响研究主要关注点在于地下水位变化规律上,采用的方法多种多样,最主要的为解析法和数值法两种。对于浸没程度的评价,主要采用数学模型对地下水进行模拟和计算,虽然模拟过程中会考虑蒸发和降雨补给等因素,但最后对于水库蓄水后的浸没范围的判定仍然通过单一的水库蓄水后回水高程与临界地下水位埋深进行对比来评价。仅以研究区地下水位埋深作为评价依据是不够全面的,为了更加客观地分析浸没的危害,需要同时考虑其他因素。结合研究区内的实际情况,对于浸没影响分析,还应当考虑到各层土的孔隙率、含水率等指标。

作物高产不仅要求土壤提供充足的养分,还需要有水、气、热相协调的物理环境。在建立评价指标体系时,可以将含水率、孔隙比、饱和度等指标纳入,从而使评价结果更加合理。当赣江南支蓄水位达到 11.5 米时,可能导致部分地层长时间有水留存,应考虑周边农田作物状况;当蓄水位达到 15.5 米时,应适当考虑建筑物基础稳定的问题。

二、结论

研究区位于赣江抚河下游尾闾地区,属于鄱阳湖冲积平原地区,为亚热带季风气候,闸址区揭露地层岩性主要为第四系全新统冲积层、上更新统冲积层及第三系泥质粉砂岩,地层分布较为复杂,但具有规律性。为了防止建坝后水库水位抬升,引起地下水浸没范围增大,导致农作物减产或房屋倒塌,更好地了解河道整治中地下水位变化的运作机理,避免可能带来的损失,我们采用了

GMS 软件对赣江南支拟建闸址周边进行浸没范围预测。通过现场勘察,我们结合区域内气候条件、降雨、地形地貌以及工程地质条件进行分析,然后在 GMS 中导入钻孔数据,建立模型,通过模拟建坝后蓄水位等条件的变化,对研究区地下水浸没范围进行模拟预测,计算在区域蓄水达到预定值时的地下水浸没范围。主要结论如下:

(1)根据钻孔数据以及其他材料,区域地处鄱阳湖冲积平原,属于冲积平原地貌,主要地层为第四系冲积层,包括黏土、细砂以及砾砂;上覆土层为第四系冲残积物,包括淤泥、粉质黏土以及粉土;区内还分布少量的杂填土,表层主要为黏土,由于研究区主要为农作物区域,表层植物发育,含有植物根系。

(2)使用 GMS 软件对研究区域进行模拟,生成三维地质实体模型,根据实际条件对地层以及边界条件进行概化处理,得到符合实际的模型;利用软件中的转换方法将地质实体文件中相关参数转入地下水模型中进行求解计算,分别得出了南支蓄水位达到 11.5 米和 15.5 米时的浸没范围和周边区域地下水水位。

三、展望

本次研究对象为赣江尾闾南支浸没范围,通过三维地下水模拟软件对研究区域的地下水位和浸没区域进行计算,并对研究区的浸没危害进行了综合评价,为赣江南支枢纽的管理和浸没防治提供了科学依据。但是此次研究仍存在一些不足之处,需要从以下几个方面来进行探讨和完善:

(1)资料收集方面,在建立模型时,由于钻孔分布不均匀,生成的地质实体文件与实际相比存在一定的出入,如果需要生成准确度更高的模型,可以增加钻孔点的数量,同时采集数据时使钻孔点的位置在区域中的分布更加均匀,生成的模型就会与实际情况差别更小。

(2)模拟计算方面,在建立模型时,地表高程是根据钻孔数据生成的,与实际地形存在差别,会对地下水浸没模拟计算产生一定的影响,使模拟运算结果与实际情况产生一定差别。

(3)浸没影响结果,本次研究主要考虑蓄水位变化对地下水浸没范围的影响,对周边农田区域、居民住房没有做较为完善的统计,参考价值主要为模拟运算得到的地下水浸没范围和地下水位埋深。

第九章　赣江尾闾主支拦水闸浸没区
影响范围研究

第一节　概述

一、选题背景及研究意义

在工业、农业以及科技事业飞速发展的 21 世纪,我国对于水的需求量也在不断上升。我国作为世界占地面积第三大的国家,坐拥 960 万平方千米的陆地面积,拥有淡水资源约 28740 亿立方米,占全球的 6%,居世界第 6 位。耕地亩均水资源占有量 1400 立方米,约为世界平均水平的一半。根据第六次全国人口普查数据,我国总人口 13.39 亿,占全球的 23% 左右,人均水资源占有量约 2100 立方米,仅为世界平均水平的 28%,是典型的贫水国家。从水资源分布来看,我国是典型的时空分布不均匀。时间分布不均匀主要表现为降雨集中,降雨主要集中在南方地区,由于降雨集中,我国南方常发生洪涝灾害,洪涝灾害每年都给我国国民经济带来巨大的损失;空间分布不均匀主要表现为南北差异大,南方富水而北方水资源紧缺,呈现出两个极端的状况。

为了更好、更充足地利用水资源,防止洪涝灾害频繁发生,调控枯水期河道水位,江西省人民政府计划于赣江主支、北支、中支、南支修建拦河水闸,配合抚河尾闾主河道建设温圳枢纽和塔城枢纽,用以抬高枯水期水位,改善航运;在赣江—抚河尾闾地区内进行必要的水系连通,活化地区内水体条件,优化水资源环境。

修建拦水闸在对水资源重新调配、优化改善水资源环境方面起到了很强的作用,但同时也会对周边环境产生很大的影响。与此类似的案例有:松花江大顶子山航电枢纽工程,自 2007 年春蓄水以来,水库正常蓄水位 116 米,比枯水期水位高出许多,由于临江区域地势较低、地下水埋藏浅、含水层透水性好以及地表水与两岸地下水具有密切的水力联系等特点,使得江水水位升高引起两岸地下水壅高,对周围农田、房屋以及交通造成了严重的影响;阎王鼻子水库于2000年6月竣工并落闸蓄水,2001年1月蓄水至209.4米高程时,两岸靠近水库边缘多个村庄相继出现民房墙体沉裂,出现民用水井及砖砌菜窖近水面及水下坍塌等现象。

从以往的案例来看,河道筑坝、水库蓄水引起的浸没带来的影响不仅范围大,而且给周围环境、经济带来的损失是不可估量的。为了减小水库修建对周围地下水环境造成的影响,防止因地下水位壅高而造成的灾害,减少灾害对范围内的经济损失,在水库、拦河坝等水利工程修建之前掌握范围内地下水运动状态,对浸没影响进行分析评价成为不可或缺的重要环节。

二、国内外研究现状

(一)水库浸没成因研究现状

水库浸没从不同的角度看有不同的概念。关于水库浸没的概念,大致可以分为三类:

(1)工程地质学角度:水库浸没可分为两种,一是壅水浸没,是指水库蓄水后,周围区域内地下水位抬高,以至接近地表或稍高于地表,此类浸没易导致库区周围地基承载力下降、盐碱化及沼泽化;二是渗透浸没,是指水库蓄水后由于渗透而引发的地下工程渗水,对周边农田、交通、建筑造成影响。

(2)水利水电工程角度:水库浸没是指水库蓄水后,周围区域内地下水位抬高,以至接近地表或稍高于地表,此类浸没易导致库区周围地基承载力下降、盐碱化及沼泽化。

(3)水文地质及环境地质:水库浸没是水库的一种环境水文地质问题,指的是水库蓄水后由于库水对地下水起顶托作用,原地下水受库水位以及壅高河道水位的顶托而排泄受阻,致使库盆周围和入库河道两岸地下水水位升高,岩土受浸润、饱和、土地盐碱化、沼泽化,工矿坑充水,以及建筑物地基条件恶化,给水库上游工农业生产和居民生活带来灾害的现象。

从这三个角度得出的概念可以看出,水库浸没的具体表现都是地下水壅高,其具体带来的影响均为地基条件恶化、土地盐碱化、沼泽化而引发的灾害;

工程地质学的角度更加侧重于引起此现象的不同原因;水文地质及环境地质角度则更侧重于地下水位变化的描述。

工程蓄水后引起浸没的影响因素在前人的研究中有比较全面的介绍。如2018年,户朝望等人将浸没影响因素和条件分为工程地质条件、水文气象条件、工程运行条件以及土地、地下水开发利用等四大类,并提出浸没现象产生的根本原因和决定性条件为区内的工程地质条件,而工程蓄水则是浸没产生的最主要原因,浸没现象的主要体现为区域内地下水埋深变化,区内地下水补给排泄问题受区内工程地质、水位和地下水埋深影响,同时又决定着区内地下水埋深的变化。

(二)水库浸没影响评价分析方法研究现状

1. 渗流研究发展及现状

水库浸没问题的研究有着较长的发展史,早期研究方法主要以水文地质勘察为主。如1986年,曹政之对浙江省富春江水库以浸没勘察综合类比法进行相关的浸没预测,其主要工作内容为根据回水高程推算地下水位由于排泄基准面的改变所产生的壅高值,再根据壅高后地下水位配合毛细水位以及现场地形进行浸没预测。

根据前人对浸没问题的研究可以总结出,研究浸没问题最主要的内容是对浸没区地下水渗流场的计算与判别,而有关地下水渗流计算的研究,国内外早已有了较为完整的体系。地下水渗流计算问题最早可以追溯到1856年,达西在经过大量的试验后,得出了水在孔隙介质中的渗透规律,从而得出了著名的达西定律:$Q = KA \dfrac{H_1 - H_2}{L} = KAI$($Q$ 为渗透流量;A 为过水断面面积;H_1、H_2 分别为上下游过水断面的水头)。而后,裘布依以此为基础研究并推导出不同类型地下水单向及平面径向稳定流公式,直到1935年美国学者泰斯在数学家卢宾的帮助下推导建立了承压水层中单井定流量抽水试验模型,并由此建立了泰斯公式:

$$S = \frac{Q}{4\pi T} \int_u^\infty \frac{e^{-u}}{u} du = \frac{Q}{4\pi T} W(u) \qquad (9-1)$$

$$u = \frac{r^2 S}{4Tt} \qquad (9-2)$$

$$W(u) = \int_u^\infty \frac{e^{-u}}{u} du \qquad (9-3)$$

式中：u、$W(u)$ 为井函数；s 为离钻井井轴 r 处的水位降深；S 为含水层的贮水系数；T 为含水层的导水系数；Q 为水井抽水量；t 为抽水延续时间。

随后，学者们对非稳定流的研究也在不断进行，其中最具代表的是雅柯布和汉士什，他们通过实验分析，得出了具有越流补给的完整井流计算公式。

地下水运动问题的相关研究同样有漫长的发展时间。20 世纪 50 年代以前，有关地下水运动问题的求解方法主要以解析法为主。其研究方法主要为建立数学模型，通过解析水头在相关地区内的表达函数，分析影响水库浸没的因素，其分析结果相对精确，但是过程复杂。解析法主要包括分离变量法、积分转换法以及保角映射法等。最早使用解析法研究地下水的是梅勒，1905 年梅勒利用解析法论证了泉水流量的预测方法。随后，卡门斯基于 20 世纪 50 年代后期利用解析法对潜水群孔的动态进行了分析研究，同时探讨了在降水渗透下的有限差分法的计算原则，最终准确地预测了地下水动态变化。1993 年，董良德利用此方法计算分析红山水库的浸没影响问题，最后得出区域内水头与降雨量之间的关系。

随着科学技术的发展，对地下水动态的研究也在不断地深入。20 世纪 50 年代至 20 世纪 70 年代初期，电模拟法以其可计算复杂地下水动态的优势，频繁地出现在广大学者的研究内容中。如：1973 年我国学者潘雪梅首次介绍了电模拟法在不稳定渗流中的应用；1993 年谢飞剑在内蒙古某露天矿涌水量的研究当中，建立了不同类型层状含水系统，并利用电网络模拟法，较为准确地预测了矿区的用水量。

由于计算机技术的运用，对地下水渗流的研究开始应用数值模拟法，数值模拟法主要研究类型可分为理论研究、数值研究以及实际应用。其主要工作内容为建立地下水流量模型，针对降水、水流补给等问题进行浸没预测。该方法近年来在我国取得了广泛的应用，如：2000 年刘猛等人利用数值模拟的方法建立了随机参数模拟模型，在分析傍河水源地下水分布问题上得出了可靠的结论；2004 年肖长来在模糊均生函数模型（FAFM）基础上，利用该模型得到残差数据序列，提出模糊均生函数残差模型（REMFAF）概念，给出了该残差模型的检验方法并应用于实例上，证明了模糊均生残差模型具有很强的预测能力及其实用性;2009 年任印国、柳华武等人利用 FEFLOW 有限元地下水流动模拟软件模拟并研究了石家庄东部平原地下水流流场,为开发利用地下水资源提供了很好的参考。

2. 地下水数值模拟软件的发展

随着计算机技术的普及与应用,有关地下水数值模拟软件也在不断地更新。大部分数值模拟软件都具有可视化、模块化以及交互性等特点。由于研究领域的需求,现在大部分地下水数值模拟软件还融入了遥感、地理信息系统等功能,为各类地下水研究提供了便捷的条件。目前,应用最为广泛的地下水模拟软件有 GMS、FEFLOW 等。

地下水模拟系统(Ground water Modeling System),简称 GMS,是由美国杨百翰大学环境模型研究实验室和美国军队排水工程实验工作站基于 MODFLOW、FEMWATER、MT3DMS、RT3D 等已有地下水模型开发的一个具有综合性的用于地下水模拟和图像处理的软件。相较其他软件,GMS 最大的特点是其能支持 TINs、Solids 钻孔数据以及 2D 与 3D 地质统计学,这使得 GMS 在数值模拟方面的功能更强大。该软件能模拟多相多组的溶质转移,提供多种组件地下水数值模型的方法,能准确刻画地层的空间结构特点。有关 GMS 的应用,最早可以追溯到 1999 年,陈锁忠在研究苏锡常地区地面沉降问题时,以 GIS 为主控模块,运用 GMS 与地面沉降模拟系统集成分析和设计,通过分层设色的方法显示任意方向上的剖面,可解决实际工作中的部分难题。随后高明(2017 年)在研究石佛寺水库浸没问题时利用 GMS 软件中的 Solids 建模法进行三维地质建模,通过浸没评价的方法和网络布点法绘制出不同蓄水位时的浸没区分布图,对预测出的分布区进行分析研究,总结出该水库蓄水后对周围环境以及居民生活的影响。

FEFLOW,全称 Finite Element subsurface Flow,该软件是 20 世纪 70 年代末由德国 WASY 公司开发的一款有限元地下水数值模拟软件,是目前为止功能最为齐全的地下水数值模拟软件之一。该软件在处理水量、水质及水温等方面有较大的优势。但是,其在处理断层方面存在一定的缺陷,无法处理水文地质中的断层以及局部强透水性地质情况。相较于 GMS 软件,FEFLOW 软件最大的缺陷是没有独立的程序包,这使得其在后期调整参数方面较为困难。国内有关

FEFLOW 软件的介绍与运用起源于《水科学进展》,由河海大学专家李致家对其进行介绍并指出 FEFLOW 可建立地表地下水流污染物质模拟模型,具有比较完善的通用性以及软件友好性。随后,2018 年贺向丽等人利用 GIS 与 FEFLOW 软件建立了红崖山灌溉区潜水的三维地质模型,并对研究区进行了评价分析,在分析结果上提出了相应的调控方案,最后还针对不同的方案进行了地下水动态预测。

三、主要研究内容、研究思路及方法

(一)主要研究内容

本次研究以赣江尾闾工程中主支为主要研究对象,分析坝区周边浸没产生机理,通过数值模拟的手段建立数值模型,对浸没范围进行预测,提出解决意见。主要研究内容如下:

(1)明确本次研究工作内容并制定研究方案:研究内容为赣江尾闾工程主支蓄水后对流域上游地区周围的地下水环境的影响及分析预测。研究方案分为两部分,即室内工作与室外工作。室内工作为:收集研究区现存资料,包括水文地质材料、工程地质材料等;数据采集后建立合适的三维地质概念模型,结合区域内水流补给等条件建立地下水数值模型并进行模拟分析。室外工作为:现场勘察、钻探,确定研究区内地层关系、地质构造等条件。

(2)收集研究区相关资料,进行水文地质调查以及工程地质调查,主要调查内容为研究区内气候、地层、构造以及研究区地下水位等,主要工作方式为野外勘察、现场钻探以及收集现场资料等。

(3)通过现场钻探收集的信息资料,基本确定研究区地层地质概况,确定区内地质构造;利用现场勘察收集到的土样,进行试验,得出一系列的土力学参数,计算区内毛细水高度。

(4)根据试验得出参数以及测绘结果,绘制地下水渗流图以及地质剖面图,结合数据初步划定浸没范围,提供研究范围参考。

(5)利用数值模拟软件,对划定的研究区进行数值模拟,结合数值模拟结果与现场情况进行分析,确定影响浸没的条件并给出相对应的解决措施。

（二）研究思路及方法

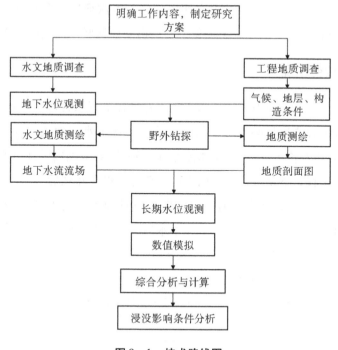

图9-1　技术路线图

第二节　工程概况

一、工程目的

赣江抚河下游尾闾综合整治工程是贯彻习近平生态文明思想、推进江西国家生态文明试验区建设的重大工程。工程规划设计贯彻"节水优先、空间均衡、系统治理、两手发力"的新时代中央治水方针,着眼于鄱阳湖流域河道及水情变化,针对枯水期水资源利用困难,河道断流,水生态、水环境承载能力下降的实际,以赣江、抚河、清丰山溪、赣抚平原西总干渠等为纵线,以赣抚航道、城南护城河等现有河渠为横线,以象湖、青山湖、艾溪湖、瑶湖、青岚湖等主要湖泊为节点,着力构建"四纵三横"骨干水系连通格局。该工程分为赣江下游尾闾综合整治工程、抚河下游尾闾综合整治工程及河湖水系连通工程,计划总投资约170.6亿元,分两期实施。

赣江作为贯穿江西省的河流,其在尾闾地区存在多条支流,其支流由上至下可分为主支、北支、中支以及南支四条支流。本次研究对象选取工程中赣江主支部分进行,赣江主支尾闾工程位于南昌市新建区联圩镇以西约2千米处。

二、水位变化观测

地下水位的变化与地表径流的变化有着直接的联系,因此对研究区内地表径流实施水位观测也是必不可少的一个阶段。地下水与地表水的关系为补给关系,当地表水水位上升时,根据渗流原理,径流影响范围内的地下水也会相应升高。根据工程大纲要求,赣江尾闾主支整治工程在建坝后,设计将赣江主支河道水位抬高3.0—5.0米。为确定模拟浸没时的水位高程,对研究区内河段进行水位监测。本次工作为探究工程蓄水后,区内河流水位升高对周边环境地下水水位的影响。表9-1、表9-2、表9-3、图9-2为研究区内某处2018年5月至2020年4月地表河流水位连续观测数据:

表9-1 研究区2018年5—12月河水水位观测表

(单位:米)

监测日 \ 月份		1	2	3	4	5	6	7	8	9	10	11	12
5						13.41	13.91	13.88	14.64	14.13	12.54	12.56	13.23
10						13.62	14.60	14.75	14.53	13.93	12.59	12.69	13.34
15						13.69	14.84	14.39	14.45	13.68	12.67	12.85	13.35
20						13.56	14.18	14.92	14.23	13.56	12.64	13.08	13.26
25						13.32	14.29	14.82	14.28	13.21	12.66	13.36	13.22
30						13.46	13.87	14.72	14.28	12.75	12.62	13.14	13.13
月统计	平均水位					13.51	14.28	14.58	14.40	13.54	12.62	12.95	13.26
	最大水位					13.69	14.84	14.92	14.64	14.13	12.67	13.36	13.35
	最小水位					13.32	13.87	13.88	14.23	12.75	12.54	12.56	13.13
	水位变幅					0.37	0.97	1.04	0.41	1.38	0.13	0.8	0.22
年统计		平均值:13.64米			最大值:14.92米 出现时间:2018-07-20 最小值:12.54米 出现时间:2018-10-05						水位变幅:2.38米			

表9-2　研究区2019年河水水位观测表

（单位:米）

监测日 \ 月份	1	2	3	4	5	6	7	8	9	10	11	12
5	13.23	13.03	15.01	14.53	14.68	14.99	15.56	15.29	13.90	12.10	12.10	11.97
10	13.33	13.08	15.28	14.27	14.71	15.56	11.59	15.07	13.57	12.11	12.07	11.96
15	13.59	13.10	15.09	14.27	14.81	15.71	16.17	14.93	12.97	12.12	12.05	11.91
20	13.43	13.44	14.59	14.44	14.89	15.33	15.74	14.74	12.44	12.06	12.03	11.91
25	13.31	14.23	14.46	14.71	14.95	15.52	15.70	14.52	12.20	12.03	11.99	11.90
30	13.16	14.58	14.45	14.88	15.02	15.36	15.44	14.08	12.14	12.10	11.99	11.88
月统计 平均水位	13.34	13.58	14.81	14.52	14.84	15.41	15.75	14.77	12.87	12.08	12.04	11.92
月统计 最大水位	13.59	14.58	15.28	14.88	15.02	15.71	16.17	15.29	13.90	12.12	12.10	11.97
月统计 最小水位	13.16	13.03	14.45	14.27	14.68	14.99	15.44	14.08	12.14	12.03	11.99	11.88
月统计 水位变幅	0.43	1.55	0.83	0.61	0.34	0.72	0.73	1.21	1.75	0.08	0.10	0.08

年统计	平均值:13.83米	最大值:16.17米　出现时间:2019-07-15　　最小值:11.88米　出现时间:2019-12-30	水位变幅:4.29米

表9-3　研究区2020年1—4月河水水位观测表

（单位:米）

监测日 \ 月份	1	2	3	4	5	6	7	8	9	10	11	12
5	11.87	12.25	12.71	14.76								
10	11.87	12.32	12.98	14.70								
15	11.88	12.39	13.24	14.23								
20	11.93	12.58	13.24	14.00								
25	12.08	12.57	13.30	13.89								
30(29)	12.21	12.55	14.01	13.35								
月统计 平均水位	11.97	12.44	13.25	14.15								
月统计 最大水位	12.21	12.58	14.01	14.76								
月统计 最小水位	11.87	12.25	12.71	13.35								
月统计 水位变幅	0.34	0.33	1.30	1.41								

年统计	平均值:12.95米	最大值:14.76米　出现时间:2020-04-05　　最小值:11.87米　出现时间:2020-01-10	水位变幅:2.89米

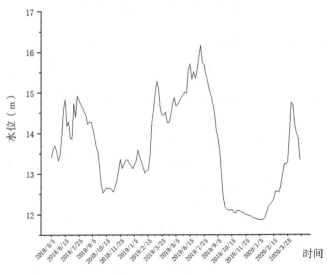

图 9 - 2 区内水位变化曲线图

由以上图表统计可知:研究区内地表水位平均在 13.47 米,设计最高水位 16.5 米、最低水位 11.87 米;区域内汛期时间为 4 月至 8 月,枯水期时间为 10 月中旬至次年 1 月中旬;除去汛期以及枯水期外,每月水位变幅一般在 0.2— 0.5 米,水位变幅不大。主支拦水闸设计水位为 15.5 米,故浸没评价地表水位 最高以 15.5 米计算。

造成以上现象的原因主要是研究区处于亚热带季风气候带,属于典型的亚 热带季风气候,夏季炎热多雨,降雨集中,大气降水补给河流,河水位上升明显; 冬季寒冷少雨,由于降雨量减少,补给不足,河水位下降。

三、土壤含水率

为研究区内土层的各项指标参数,对上覆土层进行取样测试。取样方法为 采用洛阳铲取样(图 9 - 3),取样标准为每 10 厘米记录一次,每次取样约 50 g, 装入铝盒中(图 9 - 4),测量带盒湿土重量,放入烘干箱 108 ℃持续烘干 8 小时, 待冷却后称取烘干土的重量,最后通过计算得出土样含水率。将含水率与深度 数据导入 Origin 软件,作出含水率与深度关系的点线图,本次研究共选取 4 处 取样(图 9 - 5 至图 9 - 8)。

图9-3 洛阳铲取样

图9-4 取样的土样盒

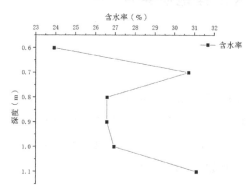

图9-5 赣江主支001号含水率与
深度关系图

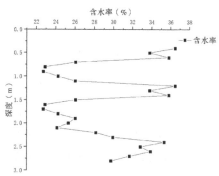

图9-6 赣江主支002号含水率与
深度关系图

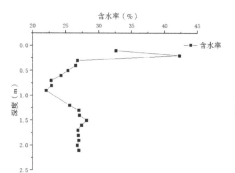

图9-7 赣江主支003号含水率与
深度关系图

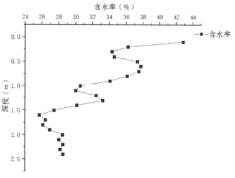

图9-8 赣江主支004号含水率与
深度关系图

根据图中内容分析可知,随着深度的增加,土样含水率在整体上呈现下降趋势,但含水率存在突变的情况,根据取样地点的地质情况大致可将原因分为以下几种：

（1）土样的物理性质原因：区内表层土多为粉土以及杂填土混合，在长时间的日常农耕作业下，土层被破坏，导致含水率突变。

（2）区内气候条件原因：取样时处于雨季，降雨频繁，且降雨持续时间短，雨水没有充分渗透便再次降雨，导致土样含水率突变。

根据图中含水率拐点可以判断出，区内毛细水带约在地表以下1.0—1.5米。土样含水率均大于25%，说明上覆盖层透水性较好，降雨补给充分。

第三节　研究区工程地质条件

一、研究区范围划定

在水文地质研究中，一般将一个独立的水文地质单元作为研究对象。水文地质单元是指一个完整的地下水循环系统和蓄水系统，通常以河流、湖泊以及明显的地下水分水岭为边界。为确定本次研究的对象范围，查阅相关水文地质资料，将赣江尾闾工程坝址附近水系图绘制如下（图9-9）。

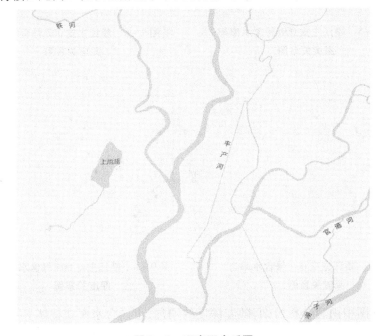

图9-9　研究区水系图

从图中可以看出,赣江主支南部向东存在一条河流分支,其向东延伸后再分为三条方向不同的支流,其中北方支流距离赣江主支较近,因此将北支作为研究范围中东部区域的一条边界;赣江主支向上延伸后在图中中部再次向西分支出一条名为铁河的支流,其向北延伸,故将铁河作为研究范围中西部区域的一条边界。由于本次工程为赣江主支的治理,故将赣江主支作为一条水文地质边界。

根据上述的水文地质边界,再结合工程坝址可得知,区域内存在两个独立的水文地质单元,分别位于赣江主支的两侧,因此本次研究范围以赣江主支为界线分为东西两部分,再经过实地地形勘察后将潜在浸没范围初步划定。

二、研究区概况

研究区位于江西省南昌市新建区东北部,联圩镇以南 3 千米处,距离市区约 26 千米,区域内耕地广袤,水系发达,属于冲湖积平原。研究区分为两部分,分别位于赣江主支东西两侧,其中西部覆盖范围约 4.9 平方千米,东部覆盖范围约 20.5 平方千米,区域内人口总数约 3 万人。

三、自然地理条件

(一)地理位置

研究区地理位置位于东经 116°1′38.33″,北纬 28°54′51.83″,隶属江西省南昌市新建区,北接昌邑乡,南靠蒋巷镇,西部为象山镇,地处鄱阳湖冲积平原。研究区沿赣江主支分为东西两部分:东部包括肖淇村,联庄村,象湖村上丰实圩、下丰实圩;西部包括河林村、老支、上太平圩。两岸研究区总覆盖面积约13.5 平方千米。

(二)气候条件

赣江尾闾地区地处亚热带季风气候区,区域内气候湿润,日照与降雨充足,四季分明,一年中春秋短、冬夏长。南昌市是典型的"夏炎冬寒"城市,夏天炎热,有"火炉"之称;冬天天气寒冷。南昌地处北半球亚热带内,受东亚季风的影响,形成了亚热带季风气候,夏季多偏南风,冬季多偏北风。区域内降雨充足,年降雨量为 1500—1600 毫米,降雨主要集中在 3—7 月,占全年降雨量的 66%。年内降雨分配不均匀,夏季最大降雨量为 284.4 毫米,冬季降雨量最低仅为 38

毫米,最低降雨与最高降雨量相差 246.4 毫米。区域内年平均气温 18.4 ℃,年均最高气温 33.9 ℃,年均最低气温 3 ℃。研究区内多年平均无霜期约 272 天,年相对湿度约为 76%,多年平均风速在 1.7—2.1 m/s 之间,多年实测最大风速为 19 m/s。

月份	1月	2月	3月	4月	5月	6月	7月	8月	9月	10月	11月	12月
最高温度(℃)	8.9	11.3	15.4	21.8	27	29.8	33.9	33.2	29.2	24.1	18	12
最低温度(℃)	3	5.2	8.6	14.5	19.5	22.9	26.2	25.7	22.1	16.7	10.5	4.8
降水（mm)	70.4	95.8	165.2	220.7	218.9	284.4	165	123	76.4	57.2	78.8	38

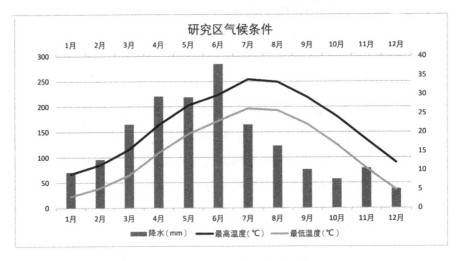

图 9-10 研究区气候条件图表

四、地质环境条件

(一)地层岩性

研究区内多分布第四系松散冲积物,沿堤坝散布人工填土,多为堤身填土以及建筑物基础开挖弃土,厚度一般为 1.5—7.8 米,呈松散状堆积,颜色多为黄褐色,岩性主要为粉土、粉质黏土,表面土层常见植物根系。

研究区内大部分为农耕地,耕植土多为含粉质黏土、粉土,松散程度高,颜色主要为黄褐色,表面常见植物根系。

由于研究区为冲湖积平原,耕植土下伏 1—3 米淤泥,局部含砂感强,可定性为含砂质淤泥,接近土层部分多含有未分解的植物根系,富含腐殖质,有一定臭味,呈灰黑色。

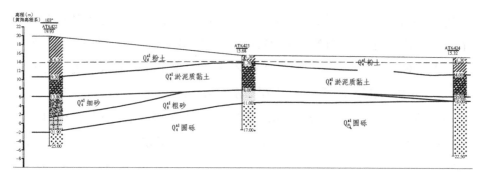

图9-11 研究区局部地层岩性剖面

研究区位于赣江支流尾部,接近鄱阳湖,由于水的搬运作用,下部沉积大量中砂、粗砂,局部含有细砂,其中夹杂粒径0—2厘米的砾石,约占砂层的5%,砂层厚度一般为3—7米,区域内砂层多呈灰白色,局部地区呈现黄褐色,饱和状。

砂层以下均为砾石,厚度一般大于10米,颜色一般为灰白色,局部地区呈现黄褐色,由于长时间的搬运作用,砾石磨圆度较好,砾石间填充物均为上层中粗砂,砾石占比一般大于30%,其中粒径0—2厘米的约占15%,2—4厘米的约占10%,极少存在粒径大于4厘米的砾石,约占5%。

(二)地形地貌

研究区地处南昌市东北部,北邻鄱阳湖,以赣江主支为界分为东、西两部分,西侧紧接象山镇,东侧连游马巷、联兴村、马洲村等地,属于鄱阳湖冲积平原地貌。区内地势低洼,较为平坦,河流纵横,水网发达,自然地面高程一般在13.71—16.01米之间,大面积为耕地,经过钻探勘察未见不良地质现象发育。

河流阶地:由第四系全新统冲积层以及第四系上更新统冲积层构成,是研究区内主要的特殊地形,阶地大多被改造为农耕地或畜牧区。区内阶地朝向均微向下游方向倾斜,整体地势平坦,阶面宽窄不一。

河漫滩:由第四系全新统冲积层构成,堤外河滩宽窄不一,一般为30—800米,长滩部分堤段无滩。

河流、池塘:区内河流纵横,分布数条小型河流,人为修建多条灌溉用渠,水网密布,因修建堤身取土,沿堤身内侧开挖形成数个长条形状池塘,距堤脚约40—60米,深度一般为1—3米,现用于养殖鳝鱼。

新滩:由第四系全新统冲积层构成,沿研究区赣江主支上段分布。

(三)地质构造及水文地质条件

研究区位于扬子淮地台江南台隆的丰城—乐平凹断束构造单元中。区内基本为第四系地层所覆盖,基岩盖层为第三系泥质碎屑岩,产状平缓,地质构造不发育。基地褶皱强烈,断裂构造较为发育,以北东向断层为主,与褶皱轴向基本一致。

研究区地表水系发育,堤内沟塘较多,汛期常受河水及湖水侵袭。区内地下水类型主要为孔隙水、毛细水、上层滞水及潜水。

(1)孔隙水:即赋存于松散沉积物中的地下水,主要分布于区域内第四系松散覆盖层表层,含水量较少,主要补给方式为大气降水,主要以蒸发的方式排泄。

(2)毛细水:即通过毛细作用在地下水面以上形成的地下水。区域内毛细水主要分布于第四系松散覆盖层上部,含水量不丰富,常见于地面下1.8—2.2米,区域内毛细水主要存在于含水砂层与覆盖层之间,为农作物生长提供一定的水分,主要补给方式为潜水补给。

(3)上层滞水:即包气带局部隔水层(弱透水层)之上积聚的具有自由表面的重力水。区域内层滞水主要分布于区域内第四系松散覆盖层上部,含水量不丰富,一般见于表层下3.2—4.5米,主要补给方式为大气降水,排泄于低洼地势及河床。

(4)潜水:即饱水带中第一个具有自由表面且具有一定规模的含水层中的重力水。区域内的潜水主要分布于第四系全新统冲积及上更新统冲积砂及砾石层中,含水量较为丰富,透水性较好,与赣江、鄱阳湖水力联系紧密,汛期具有一定的承压性质。

第四节 地下水系统模拟

一、含水层结构模型

(一)区域内地质概况

赣江尾闾主支浸没研究分东西两部分,其中西部紧靠铁河与上池湖,覆盖范围约4.87平方千米,东部接官港河、游马巷,覆盖范围约20.52平方千米,上游靠近南昌市,下游连接鄱阳湖。区内地势平缓,属于冲湖积平原,平均高程14米,相对高差不超过5米。地层岩性方面,区内上覆地层为第四系松散沉积物,由上至下地层依次为砂质黏土、细砂、中粗砂以及砾石层。其中砂层占比最大,厚度一般达 12—15.5 米。

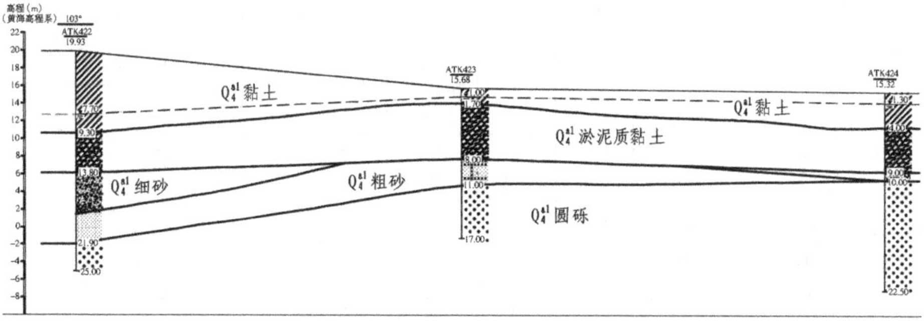

图 9 – 12　区内局部地层剖面

(二)钻孔数据

钻孔数据可以直观地反映出区内地质情况。钻孔数据包括钻孔位置、钻孔高程,以及地层岩性、厚度等。钻孔位置经纬度以及高程数据可以利用区域内卫星图确定,地层岩性、厚度以及相关描述可以由现场钻探得出。本次研究的钻孔位置经纬度坐标及高程数据详见表 9 – 4,地层统计情况见表 9 – 5。

表 9 – 4　钻孔数据

钻孔号	经度(E)	纬度(N)	地面高程(m)	孔深(m)
ATK401	116°0′11.35″	28°55′58.31″	15.18	26.1
ATK402	116°0′26.24″	28°55′45.18″	16.36	21.8
ATK403	116°0′37.69″	28°55′33.20″	16.01	23.2
ATK404	116°0′28.38″	28°56′23.64″	16.24	21.9
ATK405	116°0′48.07″	28°56′3.48″	15.59	21.4
ATK406	116°1′4.83″	28°55′48.94″	18.76	23.9
ATK407	116°0′35.15″	28°56′50.52″	15.97	21
ATK408	116°1′1.08″	28°56′32.45″	15.06	26.1
ATK409	116°1′16.62″	28°56′22.93″	14.93	22.9
ATK410	116°0′46.35″	28°52′32.27″	15.53	24.1
ATK411	116°1′8.66″	28°52′26.65″	15.6	22.5
ATK412	116°1′22.29″	28°52′23.27″	15.89	21.8
ATK413	116°1′3.67″	28°54′3.32″	15.9	20
ATK414	116°1′31.37″	28°53′56.12″	14.79	24.2
ATK415	116°2′2.59″	28°53′46.58″	16.46	22
ATK416	116°1′8.81″	28°54′32.63″	16.06	21.8
ATK417	116°1′40.17″	28°54′24.42″	14.26	22
ATK418	116°2′10.51″	28°54′15.83″	13.81	21.3
ATK419	116°0′54.31″	28°55′5.28″	16.66	22.6
ATK420	116°1′27.08″	28°54′57.56″	15.05	21.9
ATK421	116°2′20.61″	28°54′45.34″	14.54	22.3
ATK422	116°1′20.05″	28°55′35.89″	19.93	25
ATK423	116°1′52.65″	28°55′28.67″	15.64	17
ATK424	116°2′28.84″	28°55′20.71″	15.34	22.5
ATK425	116°1′40.67″	28°55′55.44″	16.12	21.3
ATK426	116°2′9.89″	28°55′51.67″	15.34	21.8
ATK427	116°2′39.87″	28°55′46.94″	14.6	21.3

表9-5　地层统计表

地质时代		Q₄	Q₄	Q₄	Q₄	Q₄	Q₄	Q₄	Q₄	Q₄	Q₄
地质成因		al	al	ml	ml	ml	al	al	al	al	al
岩土名称		黏土	粉质黏土	耕土	素填土	杂填土	淤泥质黏土	细砂	中砂	粗砂	圆砾
岩土类名		黏土	黏土	填土	填土	填土	软土	砂土	砂土	砂土	碎石土
个数		15	9	5	3	3	22	21	5	10	29
顶板深度(m)	最小值	0.00	0.00	0.00	2.10	0.00	1.70	0.00	5.90	4.30	7.00
	最大值	4.40	14.60	0.00	3.60	0.00	12.30	13.80	13.80	15.60	21.90
	平均值	0.47	1.99	0.00	2.97	0.00	4.83	6.75	9.94	10.65	12.40
底板深度(m)	最小值	1.70	2.70	1.20	4.40	1.00	3.10	3.20	8.20	11.00	12.10
	最大值	10.20	17.00	8.20	6.00	2.10	14.00	21.90	17.30	21.00	26.10
	平均值	5.09	5.37	3.52	5.23	1.40	9.05	9.66	12.92	15.01	21.47
顶板高程(m)	最小值	11.57	2.06	14.93	11.58	15.59	2.49	4.83	1.23	0.37	-2.37
	最大值	19.93	15.90	18.76	13.87	16.12	15.56	16.66	12.66	10.24	8.53
	平均值	15.30	13.69	15.99	12.97	15.89	10.91	8.89	5.97	5.51	3.30
底板高程(m)	最小值	5.77	-0.34	6.73	9.88	13.87	1.26	-1.97	-2.37	-5.03	-11.04
	最大值	13.98	13.31	15.56	11.57	15.12	12.66	13.46	8.06	4.68	2.95
	平均值	10.68	10.32	12.47	10.70	14.49	5.98	2.99	1.15		-5.77
厚度(m)	最小值	1.70	1.50	1.20	1.70	1.00	0.60	0.30	2.20	0.90	1.60
	最大值	9.90	5.70	8.20	2.80	2.10	10.50	8.10	4.60	7.00	17.10
	平均值	4.62	3.38	3.52	2.27	1.40	4.21	2.91	2.98	4.36	9.07
潮湿程度		稍湿,湿	湿,稍湿,很湿	稍湿	湿,稍湿	稍湿	饱和,很湿	饱和,湿	饱和	饱和	饱和
塑性状态		可塑	可塑	可塑	可塑	可塑	软塑				
密实程度		松散,稍密	松散,中密	松散	松散	松散					

图9-13　部分钻孔地层

3.结构模型

进行地下水模拟首先要对研究范围进行三维地质建模。本次研究选用GMS软件进行建模模拟研究。首先,将从卫星图上得到的钻孔坐标导入GMS,生成钻孔分布(图9-14);再对钻孔模型进行数据录入,录入内容包括地层顺序、地层厚度以及地下水位标高等信息(图9-15)。

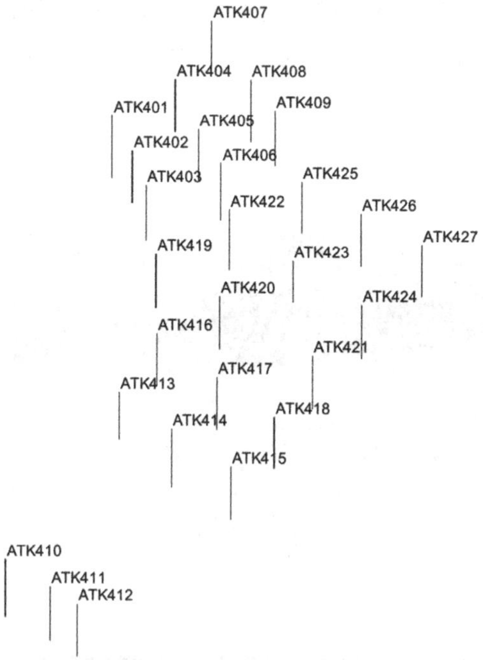

ATK407

ATK404　　ATK408

ATK401　　　ATK409
　　ATK405
ATK402
　　ATK406
ATK403

ATK425

ATK422

ATK419　　　ATK426

ATK423　　　ATK427

ATK420

ATK424

ATK416

ATK417　　ATK421

ATK413

ATK414　　ATK418

ATK415

ATK410
　ATK411
　　ATK412

图 9 – 14　GMS 钻孔建模图

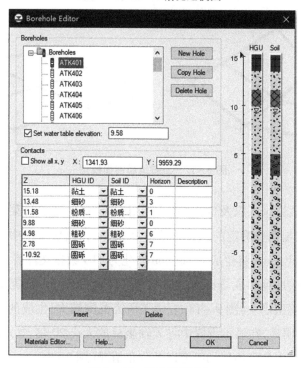

图 9 – 15　钻孔数据录入

　　将完成导入的钻孔信息经过剖面连线,将连线过后的钻孔剖面进行筛选,对筛选后的钻孔剖面进行填充(图9－16),经过调整后,可较为直观地表现场地内的地层构造(图9－17)。

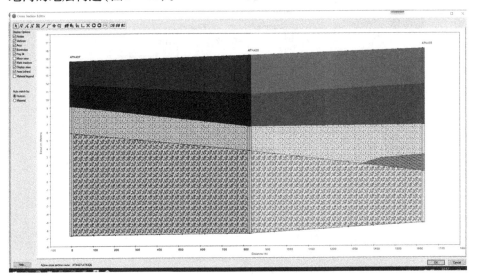

图9－16　钻孔剖面连线及地层填充

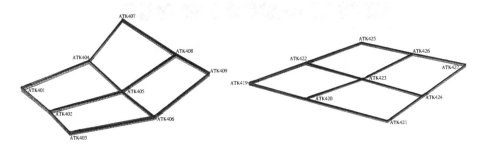

图9－17　三维地质剖面模型

　　完成钻孔数据录入以及剖面图后,利用GMS软件的项目菜单新建一个图层,根据现场初步调查确定的水文地质边界条件,在图层文件中绘制出模型的边界,并生成polygon。将生成的polygon转化为TIN数据文件后,利用软件中的克里斯汀插值法计算生成场区内地质结构实体文件(solids),完成划定研究区的三维地质体模型建立(图9－18)。由于研究范围较大,生成的地质结构实体文件(solids)不明显,在显示设置中将Z轴坐标放大至20倍,如此一来,可在三维角度上查看区内各个地层的厚度以及分布情况(图9－19)。

图 9 - 18　研究区三维地质模型

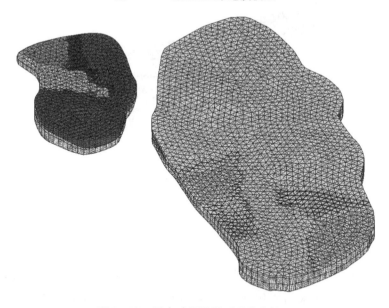

图 9 - 19　区内砂层及圆砾层分布情况

　　在创建好的三维地质体模型中切开截取剖面 1 与已有剖面进行对比，发现与实际剖面基本吻合。在三维模型中随机截取几组剖面（图 9 - 20、图 9 - 21、图 9 - 22），观察到其具有较好的连续性，由此可判定三维地质体基本正确。

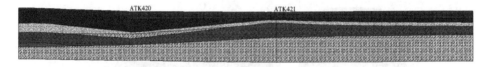

图 9 - 20　断面 1

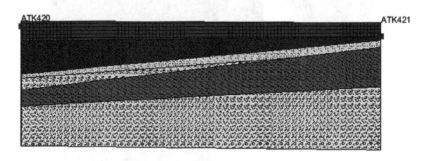

图 9 - 21　断面 2

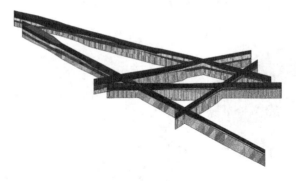

图 9 - 22　随机剖面

二、模型概化

在进行水文地质模拟计算时,需要将计算条件进行概化分析,概化内容包括边界条件概化、含水层概化、源汇条件概化以及参数分布等。本次主要研究赣江尾闾地区建坝后蓄水影响问题,故不考虑降雨补给以及水流排泄问题,且区内地层均为第四系冲积层,地层关系简单稳定,所以也不考虑参数分布问题。

(一)垂直边界概化

研究区内含水层上边界为潜水层自由水平面,上边界变化主要与降水补给以及农田灌溉排泄相关。本次研究内容为建坝后河道蓄水对地下水位的影响，故不考虑补给与排泄问题，因此将排泄与补给值设为0;研究区处于鄱阳湖冲积平原，下层地层为圆砾层，常年处于饱和状态，其极少参与地表水交换循环，与含水层上部水力联系微弱，故本次研究认为区内圆砾层中下段为含水底板，将其概化为隔开水边界。

(二)侧向边界概化

研究区以赣江主支为分界线分为东西两部分，其中西部区域的右侧边界为赣江主支左岸，由于本次研究内容为赣江尾闾地区建坝后蓄水导致的水位抬升对周边地下水的影响，故将赣江主支左岸设为西部区域右侧定水头边界;东部区域左侧为赣江主支，同理，将赣江主支右岸作为东部区域左侧定水头边界;西部区域西侧为铁河，铁河为赣江主支分支之一，与赣江主支存在一定的水力联系，故将铁河作为西部区域左侧定水头边界;东部区域右侧为赣江主支一分支，同理将赣江主支分支作为东部区域右侧定水头边界;研究区内浸没影响主要与赣江主支蓄水问题有关，其主要渗流方向为垂直于河岸方向，与纵向的补给联系微弱，且赣江主支工程选址将纵向划定为分水岭，故不考虑纵向渗流问题，将其他方向作隔水边界。

(三)含水层概化

研究区处于鄱阳湖冲积平原范围内，上覆土层为粉土及粉质黏土，地下水埋深较浅，经现场钻探可知，地下水埋藏为1—2米。下伏主要地层为砂层与圆砾层，其中圆砾层较厚，一般为8—15米，砂层属于典型的上细下粗，厚度一般为4—8米。经过钻探取样，试验得出区内土层渗透系数及相关物理力学性质指标(表9-6)。

表9-6 研究区各土层物理力学性质指标

地层岩性	天然含水率(%)	天然密度(g/cm³)	干密度(g/cm³)	比重	孔隙比	液限指数(%)	塑限指数(%)	渗透系数(cm/s)
堤身壤土	25.80	1.86	1.48	2.69	0.82	0.65	10.05	9.85E-06
堤身粉土	30.47	1.85	1.42	2.69	0.90	0.47	13.42	1.09E-05
粉质黏土	29.98	1.90	1.47	2.71	0.85	0.37	18.58	5.84E-06
粉土	30.35	1.92	1.47	2.69	0.82	0.71	11.45	3.70E-05
淤泥质粉土	38.15	1.79	1.29	2.69	1.08	0.81	16.15	5.11E-06
淤泥质黏土	30.81	1.89	1.44	2.68	0.86	0.91	12.10	9.74E-06

综合上述内容,研究区含水层主要属于潜水含水层,因此在计算模拟时,将研究模型概化为三维均质、稳定流、各向同性的潜水含水层。

三、数学模型

通常情况下,地下水的运动都是呈线性渗透的,因此达西定律在地下水渗流场中是适用的。在渗流场中,由于存在各向异性,各点渗流速度的大小、方向都可能不同。为准确表示液体的运动状态,同时需要考虑液体运动时的质量守恒关系,可在三维空间内建立具有连续性的微分方程。根据质量守恒定律,单元体内液体质量的变化是由流入单元体的液体质量以及流出单元体的液体质量之差导致的,因此,在连续流即渗流区中充满液体的条件下,两者应该相等。根据要求可将微分方程表示为:

$$\frac{\partial}{\partial t}(\rho_w n \Delta x \Delta y \Delta z) = -\left[\frac{\partial(\rho_w \rho_x)}{\partial x} + \frac{\partial(\rho_w \rho_y)}{\partial y} + \frac{\partial(\rho_w \rho_z)}{\partial z}\right] \Delta x \Delta y \Delta z \quad (9-4)$$

式中:ρ_w 为水的密度;n 为孔隙度;Δx、Δy、Δz 分别为从含水层中取出的微分体在 x、y、z 三个方向上的尺度。

考虑到在三维空间内存在 x、y、z 三个方向上的各向异性,则三维空间内可将达西定律 $v = -K_s \frac{\partial \varphi}{\partial x} = -K_s J$ 表达为:

$$\begin{cases} v_x = -K_{sx}\dfrac{\partial \varphi}{\partial x} \\[2mm] v_y = -K_{sy}\dfrac{\partial \varphi}{\partial y} \\[2mm] v_z = -K_{sz}\dfrac{\partial \varphi}{\partial z} \end{cases} \quad (9-5)$$

其中:v_x、v_y、v_z 分别为 x、y、z 三个方向上的地下水流速;k_{sx}、k_{sy}、k_{sz} 分别为 x、y、z 三个方向上的饱和水力传导度,即渗透系数;其余符号与上述同义。

在渗流模拟计算的过程中,如果将含水层视作各向同性土壤,即 $k_{sx} = k_{sy} = k_{sz} = k_s$,则式(9-5)可表示为:

$$\begin{cases} v_x = -K_s \dfrac{\partial \varphi}{\partial x} \\[2mm] v_y = -K_s \dfrac{\partial \varphi}{\partial y} \\[2mm] v_z = -K_s \dfrac{\partial \varphi}{\partial z} \end{cases} \qquad (9-6)$$

在稳定流计算中,假设水是不可压缩的,则地下水运动连续性方程的一般形式可表示为:

$$\frac{\partial v_x}{\partial x} + \frac{\partial v_y}{\partial y} + \frac{\partial v_z}{\partial z} = 0 \qquad (9-7)$$

将式(9-6)代入式(9-7)就可以得到在各向同性的含水层中,且液体为不可压缩条件下的地下水稳定流控制方程:

$$\frac{\partial^2 \varphi}{\partial x^2} + \frac{\partial^2 \varphi}{\partial y^2} + \frac{\partial^2 \varphi}{\partial z^2} = 0 \qquad (9-8)$$

稳定流运动方程中,右端结果为零,其代表的意义为在同一时间内,单元体内流入的水量与流出的水量相等。根据上述研究区水文地质概念模型,此方程在本次研究中依旧适用。

根据边界概化结果以及研究区的含水层水文地质概念模型,结合上述公式推导,可将研究区含水层地下水稳定流运动方程用以下方程表示:

$$\begin{cases} \dfrac{\partial}{\partial_x}\left(K_x \dfrac{\partial_H}{\partial_x}\right) + \dfrac{\partial}{\partial_y}\left(K_y \dfrac{\partial_H}{\partial_y}\right) + \dfrac{\partial}{\partial_z}\left(K_z \dfrac{\partial_H}{\partial_z}\right) = 0 \\[2mm] H(x,y,z,t)\,|\,S_i = \varphi_i(x,y,z,t),\,(x,y,z) \in S_i \\[2mm] K\dfrac{\partial_H}{\partial x}\,|\,S_i = q_i(x,y,z,t),\,(x,y,z) \in S_i \end{cases} \qquad (9-9)$$

其中:K_x、K_y、K_z 分别为 x、y、z 方向渗透系数值(m/s);H 为潜水含水层水头(m);$H(x,y,z,t)$ 表示三维条件下边界段 S_i 上点 $(x、y、z)$ 在 t 时刻的水头;$\varphi_i(x,y,z,t)$ 为 S_i 上的已知函数;q_i 为已知函数,表示 S_i 上单位面积的侧向补给量。

四、模型校核

在 GMS 软件中建立一个 Conceptual Model,在此项目下建立一个边界图层,根据上述的水文地质边界,在适当位置划定边界范围,选定边界中的部分弧段,设置边界条件(图 9-23)。

Attribute Table
Feature type: Arcs
Show: Selected
BC type: spec. head (C
Show coordinates
ID
Name
Type
Auto assign layer
From layer
To layer
2
spec. head (CHD)
Use layer range
1
10
Help...
Add Point
Delete Point
OK
Cancel

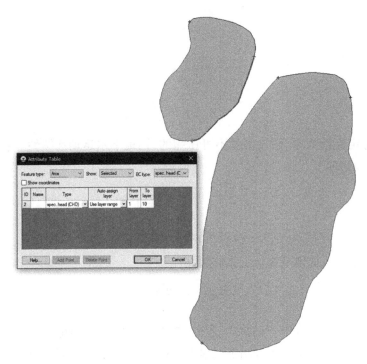

图 9－23　边界范围确定及边界条件的设定

利用网格框架建立一个适应三维地质模型的框架，设定其上下边界与三维地质模型的最高高程与最低底板高程一致；然后再利用建立好的框架生成三维网格，网格规格为 80 * 150 * 12（图 9－24），随后建立 MODFLOW（图 9－25），MODFLOW 计算的初始水头与生成的模型地表标高保持一致；最后再利用划定的边界范围激活区内有效单元格（图 9－26）。

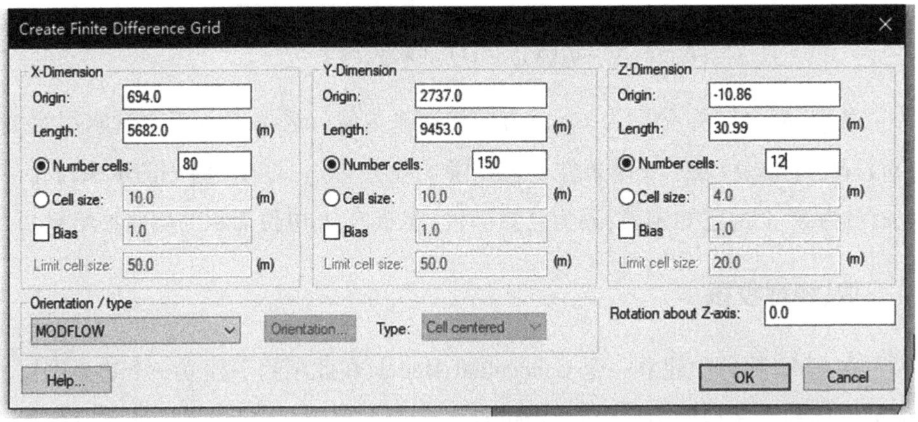

Create Finite Difference Grid
X-Dimension
Origin: 694.0
Length: 5682.0 (m)
Number cells: 80
Cell size: 10.0 (m)
Bias 1.0
Limit cell size: 50.0 (m)
Y-Dimension
Origin: 2737.0
Length: 9453.0 (m)
Number cells: 150
Cell size: 10.0 (m)
Bias 1.0
Limit cell size: 50.0 (m)
Z-Dimension
Origin: -10.86
Length: 30.99 (m)
Number cells: 12
Cell size: 4.0 (m)
Bias 1.0
Limit cell size: 20.0 (m)
Orientation / type
MODFLOW
Orientation...
Type: Cell centered
Rotation about Z-axis: 0.0
Help...
OK
Cancel

图 9－24　网格生成

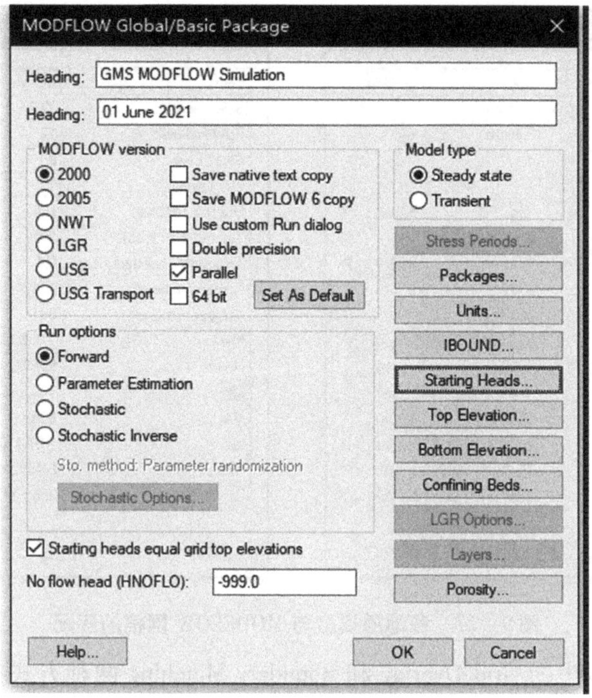

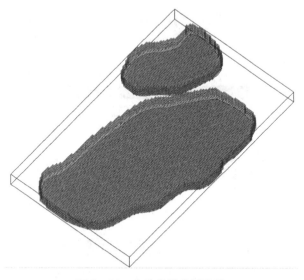

图 9 - 25　MODFLOW 的建立

图 9 - 26　有效单元格的激活

在生成的三维地质体模型中,调整并匹配每个地层转入 MODFLOW 后对应的网格层,为保证最上层网格底部低于设置的水头边界高度,尽量将最上层网格的最小高度设置得大些(图 9 - 27)。

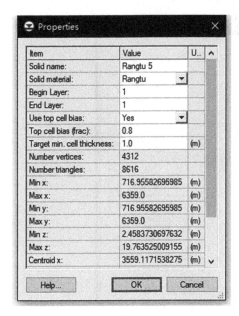
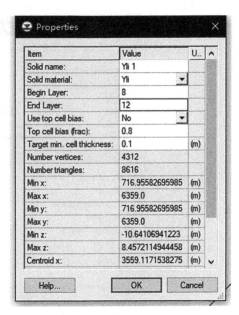

图 9 − 27   各地层模型与 MODFLOW 网格的匹配

利用 GMS 中的 Grid Overlay 和 Boundary Matching 两种方式实现三维地质体模型（Solids）与 MODFLOW 之间的转换（图 9 − 28）。

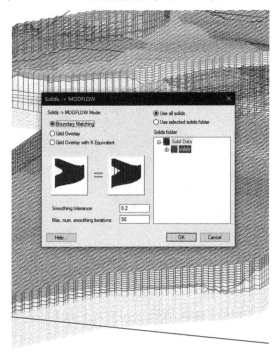

图 9 − 28   Solids 模型转入 MODFLOW

利用 GMS 软件中具有的修正检验功能,修正在 Solids 模型转入 MODFLOW 进行层边界匹配时产生的错误,最后将设定好的边界条件转入 MODFLOW,并再次检查校核(图 9 – 29)。

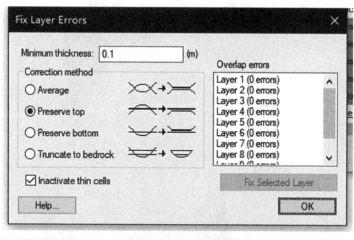

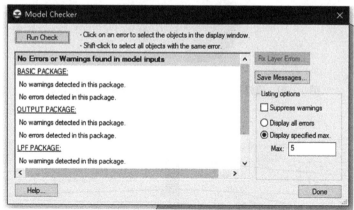

图 9 – 29　模型修正检验

结合近两年来当地水位值,选取赣江主支河道水位为 15.5 米作为验证模型正确性时间的水位值,运行 MODFLOW,计算出赣江主支河道水位为 15.5 米时,研究范围内的地下水位模型(图 9 – 30)。

将模型计算出的地下水水位与实测的地下水剖面(图 9 – 31)进行对比,可发现模拟出的地下水水位与实际相差较小,由此,可推断出该模型具有一定的准确性。

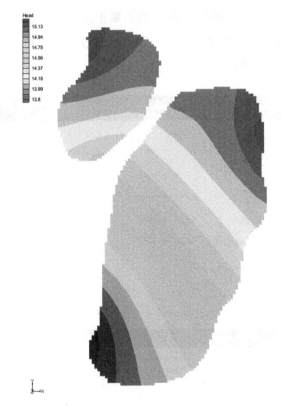

图 9 – 30　赣江主支水位 15.5 米时研究区地下水位模型

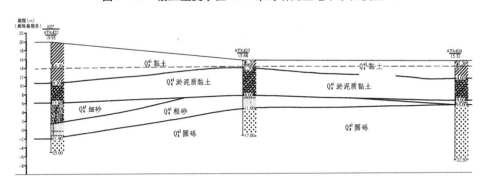

图 9 – 31　研究区局部地层及地下水水位剖面

五、地下水位及浸没范围预测

(一)地下水位预测

根据研究区内水文站检测数据可知,赣江主支坝址附近水位除去汛期外,趋于稳定,月平均水位 13—14 米,枯水期平均水位 11—12 米。根据工程大纲要求,赣江主支建坝后,蓄水将水位抬升 3—5 米,因此,本次模拟选用蓄水水位为 11.5 米、15.5 米进行预测。

对边界条件进行更改后导入 GMS,计算得出赣江主支水位分别在 11.5 米、15.5 米时的地下水等水位图(图 9 - 32、图 9 - 33)

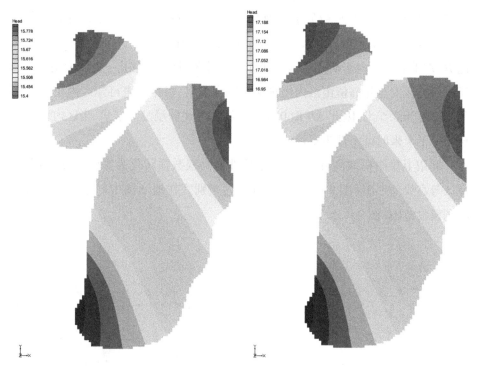

图 9 - 32 蓄水位 11.5 米时地下水等水位图　图 9 - 33 蓄水位 15.5 米时地下水等水位图

(二)浸没范围预测

浸没判定主要和蓄水后地下水位埋深与研究范围内地下水埋深临界值之间的关系有关,浸没地下水埋深临界值与蓄水后地下水位埋深的关系可表示为:

$$H_d - H_w = H_{yc} < H_{cr} = H_k + \Delta H \qquad (9 - 10)$$

其中:H_{cr} 为浸没地下水埋深临界值(m);H_k 为地下水位壅高后,其上毛细水带上升高度(m);ΔH 为安全超高值(m);H_{yc} 为蓄水后地下某点地下水位埋深(m);H_d 为某点地面高程(m);H_w 为蓄水后某点地下水位高程(m)。

根据研究区内地下水埋深临界值以及区内蓄水后地下水位关系可对区内浸没进行判定,即式(9 - 10)成立时可判定为浸没区,反之则为非浸没区。其中，H_k 毛细水带上升高度可由室内试验及结合经验值确定；ΔH 安全超高值，在农耕区中由植物根系厚度确定，在建筑物区由建筑物的荷载及其基础埋深确定。

赣江主支浸没研究区表层土主要为粉土，土层厚度一般为 3.5—4.5 米。因此，研究区内地下水位以上的毛细水上升高度以粉土的上升高度为主。根据现场钻探测得的地下水初见水位及稳定水位，再进行取样进行毛细水上升试验，结合经验值确定赣江主支浸没研究区毛细水带平均上升高度为 1.2 米，因此 H_k 取 1.2 米。由于研究区内大部分为农耕区，且居民住房一般不超过 9 米，所以研究区安全超高值由区内植物根系厚度确定，根据调查可知区内植物根系平均厚度为 0.5 米，因此 ΔH 取 0.5 米。结合上述的浸没判别式，当区内地下水位小于 1.7 米时可定性为浸没区。

利用卫星图提取高程数据后，用软件将高程数据转化为等值图，绘制出研究区等高线地形图（图 9 - 34）。通过上述判别式在地形图中划定不同蓄水位时的浸没范围（图 9 - 35、图 9 - 36）。

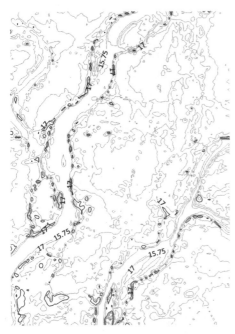

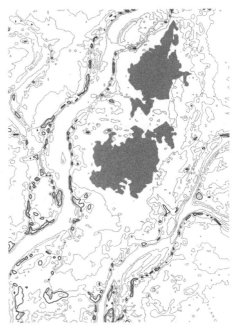

图 9 - 34　研究区等高线地形图　　图 9 - 35　研究区蓄水 11.5 米浸没范围

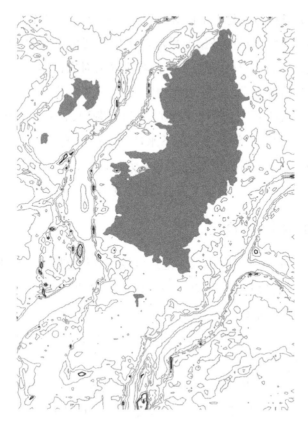

图9-36　研究区蓄水15.5米浸没范围

第五节　浸没区影响范围分析

一、浸没影响因素

浸没研究最后阶段为浸没分析评价,对于浸没灾害的评价,仅以研究区地下水埋深以及毛细水位上升高度作为评价依据是完全不够的,要全面分析浸没灾害影响需要同时从其他方面进行。本次研究参考《水利水电工程地质勘察规范》(GB 50487—2008,2022年版)以及相关文献,结合研究区内实际情况,应当考虑区内土层的孔隙度、含水率以及饱和度等物理力学指标。

《水利水电工程地质勘察规范》指出,浸没评价可分为初判和复判两个阶段。初判主要判断内容为地下水位对浸没地段的影响,以及气候、降雨、地表径流、地下水矿化程度、土层的补给与排泄对次生盐渍化地段的影响。复判为初判后对判定区域内的地层再研究,复判内容主要为对农作物区以及建筑物区的地下水埋深临界值的确定。对于农作物区,其主要考虑内容为地下水矿化程度和表层土性质对农作物区地下水埋深临界值的判定,在农作物区的浸没判定中,还需要同时考虑农作物类型对地下水埋深值的影响。对于建筑物区,其主要考虑内容为毛细水上升高度对地基承载力的影响,同时,建筑物基础下地层是否存在黄土、淤泥、软土、膨胀土等也包括在考虑范围内。

二、浸没影响简单评价

根据《水利水电工程地质勘察规范》,浸没评价与土层次生盐渍化以及地基承载力相关,而影响盐渍化及地基承载力的因素包括土层含水率、孔隙比以及其他物理力学相关参数(表9-6)。

通过上述提及的浸没判别式,结合研究区具体情况,划定蓄水后水位达到11.5米及15.5米时的浸没范围。

根据研究区等高线地形图划定水位抬升时的地下水位,并进行适当分析表明,当蓄水水位抬升至15.5米时,总浸没范围约5.6平方千米,约占研究区总面积的25%,主要浸没区域为农作物区。由于赣江尾闾地区降雨充分,且蒸发量不大,故不考虑土壤盐渍化问题;由于赣江主支浸没研究区地下水位一般在2.0—4.0米,水位抬升后可能导致土层长时间浸泡在地下水中,故应适当考虑土壤沼泽化问题。综上所述,水位抬升至11.5米时,应考虑农作物成活率等影响;当蓄水水位抬升至15.5米时,浸没范围约12.8平方千米,约占研究区总面积的48%,其中主要浸没范围为农作物区,小部分为居民住房区。其中居民住房一般高度不超过9米,且居民住房地面高程较农作物区更高,基础埋深浅,此外,研究区内仅存在淤泥一种特殊土,不存在黄土、膨胀土等特殊土层。综上所述,当水位抬升至15.5米时,应当主要考虑农作物成活率问题,可适当考虑居民住房建筑地基承载力失稳等问题。

第六节　结论及展望

一、结论

　　浸没影响是现如今水利水电研究中的重点关注内容,与其相关的浸没灾害给人民财产带来的损失不可计数,为了更加了解河道整治浸没的运作机理,以更好地减轻和防范浸没灾害带来的影响及损失,研究浸没显得尤其重要。本研究以赣江尾闾工程主支范围作为研究对象,结合区内气候条件、降雨、地形地貌以及工程地质条件、水文地质条件等,运用 GMS 等相关模拟软件,导入现场钻探勘察数据,建立了赣江尾闾工程主支区域的地下水数值计算模型,并计算了区域在蓄水后水位到达预定值时的地下水水位值。最后结合《水利水电工程地质勘察规范》以及浸没区判别式 $H_{cr} = H_k + \Delta H$ 初步划定了在不同地下水水位时的浸没范围,并结合规范对浸没范围内的影响进行分析评价。主要结论如下:

　　(1)通过收集现存资料,了解区内气候条件为亚热带季风气候,其主要特征为夏季高温潮湿,冬季寒冷干燥;降雨多集中在夏季,受降雨集中影响,区内存在明显的枯水期与汛期,汛期一般为 4 月至 8 月。

　　(2)根据相关材料以及钻孔数据得出区内地层岩性,区域地处鄱阳湖冲积平原,属于冲积平原地貌,主要地层为第四系冲积层,包括圆砾、粗砂和细砂;上覆土层为第四系冲残积物,包括淤泥、粉质黏土和粉土;区内还分布少量的杂填土,表层主要为耕土,由于研究区主要为农作物区域,表层植物发育,含有植物根系。

　　(3)利用 GMS 软件中的 Solids 模块,在钻孔之间采用克里斯汀插值法生成区域含水层的三维地质体模型,根据水文地质概念模型结合区域现场实际情况进行边界概化,建立地下水数值模拟模型,并利用 GMS 软件将 Solids 模型转入MODFLOW 进行求解计算,计算出了不同蓄水水位下周边区域的地下水水位。

　　(4)通过模型计算出地下水水位以及地表高程数据,并结合《水利水电工程地质勘察规范》中浸没评价的判别式,划定不同蓄水水位下的浸没范围。研究表明,当蓄水水位抬升至 11.5 米时,总浸没范围约 5.6 平方千米;当蓄水水位抬升至 15.5 米时,浸没范围约 12.8 平方千米。

二、展望

本次研究对象为赣江尾闾主支浸没情况，通过三维地质体模型并转入水位地质模型进行模拟计算的方法对区内浸没影响进行评价，为工程蓄水后对周边环境的影响提供了较为科学的依据。但在本次研究依旧存在不足之处：

（1）资料收集方面，由于时间关系，收集到的相关研究资料较少，因此在钻探过程中，对地层岩性定性不严谨，导致建立的三维地质体模型并不完善。

（2）模拟计算方面，建立模型时，由于技术上的失误，且缺少研究区准确详细的高程数据，在模型高程等方面存在一定的问题。

第十章 结语与展望

本书在前人研究的基础上,对变化环境下的冲积平原区地下水浸没进行综述,分析变化环境下的冲积平原区地下水浸没的形成规律,开展了变化环境下的冲积平原区地下水浸没的渗漏试验研究,构建三维渗流模型对典型冲洪积区进行了地下水浸没影响数值模拟及影响评价研究,并利用理论分析、现场调查及室内试验方法进行验证,提出研究区冲洪积区地下水浸没的形成机理、评价方法及软件。

研究结果表明,地下水浸没评价首先依据现场调查以及试验所收集的数据确定研究区毛细水上升高度和安全超高值,随后以前期对研究区进行不同条件下数值模拟的结果为基础,将研究区模拟结果导出到 ArcMap 中进行处理,以获取更加精确的数据。依据研究区 DEM 数据提取出该区域的等值线图,并依据水库浸没标准将研究区按照浸没程度分成三种程度受灾区:未发生浸没区、轻微浸没区以及严重浸没区。调查研究区内土地利用类型,并分析在不同模拟条件下各土地利用类型的受灾程度和受灾面积,并结合不同地表水位、筑坝高度以及地层结构进行分析、评价以及验证。

目前国内外对于水库周边浸没范围的影响研究主要关注点在于地下水位变化规律上,采用的方法多种多样,主要包括解析法和数值法两种。对于浸没程度的评价,主要采用数学模型对地下水进行模拟和计算,虽然模拟过程中会考虑蒸发和降雨补给等因素,但最后对于水库蓄水后的浸没范围的判定仍然通过单一的水库蓄水后回水高程与临界地下水位埋深对比来评价。仅以研究区地下水位埋深作为评价依据是不够全面的,为了更加客观地分析浸没的危害,需要同时考虑其他因素。结合研究区内的实际情况,对于浸没影响分析,还应当考虑到各层土的孔隙率、含水率等指标。

项目结合实际勘察数据、理论模型和渗透性分析计算结果,确定地下水的运动距离、浸没高度等多参数作为冲洪积区地下水浸没的主要评价指标,研发了一套适配冲洪积地下水区影响评价研究,细化地下水评价的标准,提出了冲洪积区地下水评价的快速方法，为洪涝灾害防控体系建设提供一种新的技术方法。

本研究获得了江西省水利规划设计研究院"赣江尾闾综合整治工程浸没区调查评价技术咨询"项目的支持,获得了国家自然科学基金(42162025)"基于CHLT系统的牛顿流变与Voellmy流变联合作用降雨型滑坡碎屑流运动距离及预测模型研究"、国家自然科学基金应急管理项目(41641023)"降雨条件下砂岩区类土质滑坡强度劣化规律及致灾机理研究"、江西省科技重点研发计划项目(20177BBG70046)"鄱阳湖流域中低山泥石流监测预警技术研究与示范"、江西省自然资源厅科研项目(赣自然资办函〔2022〕224号)"江西省居民建房切坡地质灾害防治研究"、江西省"科技 + 水利"联合计划 2022 重大专项(2022KSG01007)"极端暴雨条件下城市洪涝风险预警与防范技术研究"、江西省科技重点研发计划项目(20203BBGL73220)"鄱阳湖区中小河流域山洪地质灾害普适性监测预警技术研究与示范"、2021 年度浙江省山体地质灾害防治协同创新中心开放基金(2PCMGH - 2021 - 02)以及河北省高校生态环境地质应用技术研发中心开放基金(JSYF - Z202201)的资助。项目研究成果形成了本书。

参 考 文 献

[1]张福然,尤传誉,陆榕彬,等.GMS在地下水流场预测中的应用研究 [J].东北水利水电,2021,39(2):27-29.

[2]吴平,彭德慧.水库浸没评价影响因素分析[J].水利规划与设计,2020 (5):96-99.

[3]谢媛.平原型水库浸没治理措施研究:以石佛寺水库为例[D].沈阳:沈阳农业大学,2019.

[4]何小亮,刘潇敏,王逸民.榆溪河流域水源地地下水资源评价数值模拟研究[J].地下水,2017,39(6):24-26.

[5]高明.石佛寺水库陈平堡副坝段浸没程度分析与评价[D].沈阳:沈阳农业大学,2017.

[6]申振东.赣江下游尾闾河段二维数值模拟研究[D].天津:天津大学,2016.

[7]周刚,郑丙辉,雷坤,等.赣江下游水动力数值模拟研究[J].水力发电学报,2012,31(6):102-108.

[8]远艳鑫,段祥宝,谢罗峰,等.水库蓄水库区岗地浸没判别方法及浸没影响评价[J].水电能源科学,2012,30(11):126-130.

[9]孙思淼.寒区水库浸没影响试验模拟研究:以大顶子山水库为例[D].哈尔滨:黑龙江大学,2012.

[10]戴长雷,李治军,高淑琴.大顶子山航电枢纽蓄水后上游临江地区地下水浸没影响态势初步分析[J].黑龙江大学工程学报,2010,1(4):45-50.

[11]陈界仁,张婧,罗春,等.赣江下游东西河分流比变化分析[J].人民长江,2010,41(6):40-42.

[12]贺国平,张彤,赵月芬,等.GMS数值建模方法研究综述[J].地下水,2007(3):32-35.

[13]于新.哈尔滨市松北区城市建设浸没影响评价[D].长春:吉林大学,

2006.

[14]王汇明.平原型水库库区浸没分析与研究[D].南京:河海大学,2004.

[15]肖长来,梁秀娟,安刚.模糊均生函数残差模型在地下水数值模拟降水量预报中的应用[J].吉林大学学报(地球科学版),2004,34(1):89-93.

[16]鲍立新,佟胤铮.阎王鼻子水库浸没问题的分析与评价[J].东北水利水电,2002(3):37-39.

[17]国家统计局农村社会经济调查司.中国县域统计年鉴.乡镇卷.2018[M].北京:中国统计出版社,2019:239.

[18]QIU S W,LIANG X J,XIAO C L,et al. Numerical simulation of groundwater flow in a river valley basin in Jilin urban area,China[J]. Water,2015(7):5768-5787.

[19]万胜,邱振东,甘建军,等.某水利枢纽滑坡综合监测成果分析[J].南昌大学学报(工科版),2021,43(1):30-35.

[20]白玉川,罗恒,徐海珏,等.赣江尾闾主支河道整治效果分析[J].水运工程,2017(4):117-123.

[21]罗恒,白玉川,徐海珏.赣江尾闾河段洲头控导工程的整治效果分析[J].港工技术,2017,54(3):1-6.

[22]陈界仁,刘涵心,吕婷婷.赣江尾闾河道枯水位变化与成因分析[J].水电能源科学,2016,34(10):28-31.

[23]曹政之.对江南地区水库浸没预测评价的浅见[J].水力发电,1986(1):27-30.

[24]刘猛,束龙仓,刘波.地下水数值模拟中的参数随机模拟[J].水利水电科技进展,2005(6):25-27.

[25]梁丽青,刘喜峰,彭军志.大顶子山水库城区浸没影响分析[J].科技与创新,2017(24):118-119.

[26]刘猛.傍河水源地地下水数值模拟研究[D].南京:河海大学,2006.